DE LA

MÉTHODE A POSTERIORI

EXPÉRIMENTALE

Paris. — Imprimerie de Cusset et Ce, rue Racine, 26.

DE LA

MÉTHODE A POSTERIORI

EXPÉRIMENTALE

ET

DE LA GÉNÉRALITÉ DE SES APPLICATIONS

PAR

M. E. CHEVREUL

On doit tendre avec effort à l'infaillibilité sans y prétendre.

MALEBRANCHE.

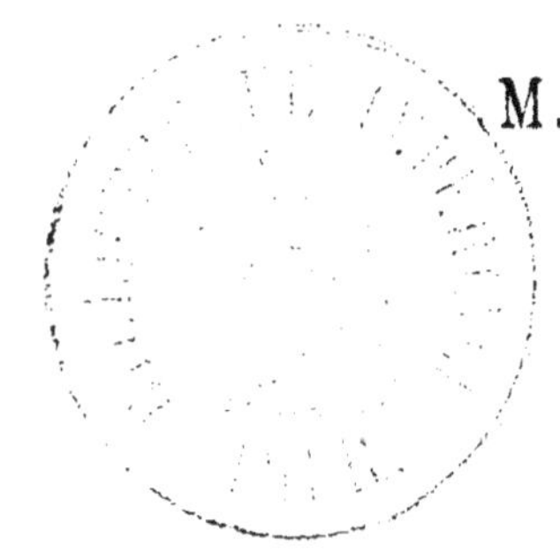

PARIS

DUNOD, ÉDITEUR

LIBRAIRE DES CORPS IMPÉRIAUX DES PONTS ET CHAUSSÉES
ET DES MINES

QUAI DES AUGUSTINS, 49

1870

A LA MÉMOIRE

DE

Michel CHEVREUL

ET DE

Etiennette-Magdeleine BACHELIER

HOMMAGE RESPECTUEUX DU FILS,

RECONNAISSANT

DU SENS MORAL

ET

DE LA SANTÉ

QU'ILS LUI ONT TRANSMIS!

Paris, le 31 d'août 1869
Le 83ᵉ anniversaire de sa naissance,

INTRODUCTION HISTORIQUE.

1. A mon début dans la science je pensai que des recherches prolongées sur un même sujet sont le meilleur moyen de satisfaire au besoin de la *certitude* que je me suis toujours senti. Car en ce cas, les dernières recherches ont le grand avantage de donner la mesure de la justesse ou de la fausseté de celles qui

les ont précédées, selon qu'elles les confirment ou qu'elles les contredisent.

2. Les recherches auxquelles je fais allusion sont expérimentales ; en les disant exactes, je parle de l'interprétation des expériences et non de celles-ci, ne m'étant jamais départi de la règle de ne chercher à interpréter des expériences qu'après avoir acquis la conviction de leur exactitude. En insistant sur la nature expérimentale de mes recherches, je veux prévenir l'erreur qui naîtrait du sens trop général qu'on prêterait à ma pensée en l'étendant à des recherches dans lesquelles l'expérience n'interviendrait pas : effectivement, plus d'un exemple pourrait être cité où faute de l'avoir consultée, la durée des méditations loin d'avoir favorisé la manifestation de la vérité a fortifié l'erreur chez le penseur.

3. Après m'être efforcé dans toutes mes recherches d'acquérir une appréciation parfaite du degré de certitude que je pouvais attacher aux inductions théoriques déduites de mes observations, ou de mes expériences, je sentis peu à peu l'avantage de subordonner toutes les sciences dont le but est la connaissance du concret, à un *principe* qui, dès l'enfance, j'ose le dire, m'avait frappé, c'est que *les corps ne nous sont connus que par leurs propriétés, leurs qualités, leurs attri-- buts, leurs rapports*, ou en d'autres termes, par des *abstractions*, puisque ces *propriétés*, ces *qualités*, ces *attributs*, ces *rapports sont en défi- nitive les parties isolées par l'esprit d'un ensem- ble, d'un tout.*

4. Le mot *fait*, signifiant *ce qui est, ce qui a été, ce qui sera*, exprime l'idée du réel, de la certitude.

D'après le principe que nous ne connaissons les corps que par leurs attributs, *ces attributs sont des* FAITS, *et ces* FAITS. *étant des abstractions*, il en résulte que *nous ne connaissons* LE CONCRET QUE PAR L'ABSTRAIT.

Conclusion, parfaitement conforme à celle d'*un de ces esprits aussi difficiles que naïfs*, qui m'ayant demandé des explications sur ce dont il avait entendu dire des propositions que je viens de résumer, les traita d'*émanations de la métaphysique*, science prétendue, à laquelle il ne croyait pas depuis longtemps, parce qu'en cela, disait-il, à l'exemple de saint Thomas, sa croyance se bornait à ce *qu'il voyait* et à ce *qu'il touchait ;* je ne sais si je le persuadai, en lui faisant remarquer que nous étions parfaitement d'accord, puisqu'il devait à deux sens, la vue et le toucher, la connaissance des *deux proprietés essentielles à la matière*, l'ÉTENDUE *et l'*IMPÉNÉTRABILITÉ.

5. Une discussion à laquelle j'assistai, sans

y prendre part, entre des personnes qui par
leurs études et leur position, semblaient parfaitement préparées à la soutenir fut pour moi
une source d'observations et d'expériences bien
instructives. Les dissentiments qui se mani-
festèrent d'abord me firent sentir combien
une attention trop prolongée sur un même
sujet et l'habitude trop exclusive d'une science
spéciale mettent obstacle à ce que l'esprit
qui s'y est livré soit accessible à des vérités
auxquelles cette attention et cette habitude
semblent avoir été étrangères.

Le reste de la discussion me convainquit de
la rareté des idées qui dépassent en généralité des idées propres à chaque science spéciale, dans une réunion d'hommes où pourtant
il semblerait qu'elles auraient dû dominer :
en effet, les vérités alors émises, parmi beaucoup d'erreurs, étaient étroites, communes,
et toujours conformes à des manières de voir
professées dans les écoles, ou d'accord avec

1.

celles de quelques savants dont volontiers on reconnaissait l'autorité, état de choses dont la triste conséquence était d'éloigner les esprits soumis à ces influences, d'idées générales et vraies que sans doute ils auraient comprises par une simple exposition si préalablement ils eussent été libres de toute prévention.

6. Ce débat prolongé agrandit singulièrement l'horizon que dès longtemps j'avais entrevu, lors des discussions soulevées par la *mathésiologie* entre Ampère, Frédéric Cuvier et moi (1). Autant une vue élevée qui, sans art et sans effort d'esprit, subordonne entre eux des ensembles de faits précis, nombreux et variés, a de charme pour moi, pénétré depuis si longtemps de la difficulté de rassembler des faits précis sur lesquels on puisse compter avec

____

(1) De 1815 à 1830. *Histoire des connaissances chimiques,* tome 1ᵉʳ, pages 209 et suivantes.

la volonté de ne les unir que par des rapports naturels et incontestables, autant m'inspirent de dégoût des classifications auxquelles ont présidé d'étroites, de vulgaires idées, ou si elles semblent élevées c'est qu'elles appartiennent au domaine de l'hypothèse.

7. En tout temps je me suis plu à reconnaître le génie d'Ampère, et ce n'est pas sans effort d'esprit que j'ai pu m'expliquer sa ténacité, pendant les quinze dernières années de sa vie, à faire, défaire et refaire sa classification des connaissances humaines ; j'ai possédé seize tableaux écrits de sa main, témoignant de la manière la plus forte des modifications incessantes qu'il y apportait; un seul m'est resté, les quinze autres, à mon grand regret, ont disparu de chez moi par une cause que j'ignore encore.

La discussion dont je viens de parler reportant mon attention sur les débats prolongés dont la *mathésiologie* d'Ampère avait été l'objet avant qu'elle ne fût publiée, eut pour résultat la *Distribution des connaissances humaines du ressort de la philosophie naturelle* que je présentai à l'Académie des sciences les 17 et 24 de juillet de l'année 1865. S'il serait inconvenant et ridicule d'en faire l'éloge, il m'importe d'insister sur l'intimité de sa liaison avec mes idées antérieurement publiées, et d'ajouter que si je ne tenais pas compte de mes nombreuses occupations et de leur variété, je ne m'expliquerais pas comment cette *Distribution des connaissances* n'aurait pas suivi immédiatement la publication de *mes lettres à M. Villemain* (1856), tant la liaison est grande entre les deux œuvres!

Car acceptez la définition du mot *fait* et celle de la *méthode* A POSTERIORI *expérimentale*, acceptez l'opinion que les sciences naturelles dites de pure observation sont à leur première période de développement, que plus tard elles

doivent devenir *sciences d'observation, de raisonnement et d'expérience*, et sans doute vous
serez conduit à envisager ma *Distribution des
connaissances humaines du ressort de la philosophie naturelle* comme le complément nécessaire des idées antérieurement publiées que je
viens de rappeler. La continuité de la pensée
est donc évidente entre les *lettres à M. Villemain* et la *Distribution des connaissances du
ressort de la philosophie naturelle*.

12. J'aurais vivement désiré présenter les pensées dont cet ouvrage sur la méthode est l'expression dans l'ordre chronologique où elles ont
occupé mon esprit, parce que plus que tout autre, cet ordre m'eût paru conforme à l'essence
de la *méthode* A POSTERIORI *expérimentale* à laquelle ce livre est absolument consacré, mais la
volonté d'être bref et précis, et d'un autre côté
la conviction d'avoir trouvé une vérité générale dans les sciences expérimentales dont

je me suis occupé, ont diminué beaucoup ma répugnance à prendre la forme dogmatique, quand il m'a fallu exprimer des choses dont à mon sens l'exactitude est incontestable.

DIVISION DE L'OUVRAGE.

PREMIÈRE PARTIE. — DE LA MÉTHODE A POSTERIORI EXPÉRIMENTALE.

CHAPITRE 1. — De l'analyse et de la synthèse considérées relativement à la méthode à *posteriori* expérimentale.

CHAPITRE 2. — De l'analyse et de la synthèse en chimie. Définition du mot *fait*.

CHAPITRE 3. — De la distinction des propriétés des espèces chimiques, en propriétés physiques, en propriétés chimiques et en propriétés organoleptiques. De la distinction de la chimie d'avec la physique.

CHAPITRE 4. — Des propriétés physiques et des propriétés chimiques qui sont susceptibles d'être étudiées, aux points de vues absolu, relatif et corrélatif.

CHAPITRE 5. — Classification des plantes et des animaux.

CHAPITRE 6. — Application à la géologie, à la botanique, à la zoologie, à l'anatomie et à la physiologie, de la manière dont la chimie et la physique ont été envisagées comme partie d'une même science.

CHAPITRE 7. — L'anatomie, la physiologie, la médecine comparées

ne sont pas des sciences finies, les conclusions auxquelles elles arrivent pour les études
comparées relatives à la structure et aux fonctions des organes, et aux maladies de l'homme
et des animaux, doivent être ramenées à chacune des espèces dont les individus ont été
examinés.

DEUXIÈME PARTIE. — APPLICATIONS DES VUES DE LA PREMIÈRE PARTIE A L'ENSEIGNEMENT ET A DIFFÉRENTS FAITS SOCIAUX.

SECTION 1. — APPLICATIONS RELATIVES A L'ENSEIGNEMENT.

CHAPITRE 1. — De la manière dont les êtres concrets ont été envisagés dans la première partie, relativement aux mots de la grammaire, le substantif, l'adjectif, et le substantif abstrait.

CHAPITRE 2. — De différents mots du langage usuel auxquels les idées de corrélation sont applicables.

CHAPITRE 3. — Différence qu'il peut y avoir quant à la clarté du sens entre la définition d'une propriété qui est toujours une *abstraction*, et la définition des *êtres concrets* auxquels cette propriété est appliquée comme caractère.

CHAPITRE 4. — Du principe de l'association des idées dans l'enseignement.

CHAPITRE 5. — Expériences propres à montrer comment nous sommes exposés à l'erreur dans nos jugemens concernant des choses que nous croyons *absolues* tandis qu'elles sont *relatives*.

SECTION 2. — APPLICATIONS RELATIVES
A DES FAITS SOCIAUX.

Chapitre 1. — Considérations générales servant d'introduction.

Chapitre 2. — Difficulté d'appliquer au concret les caractères distinctifs de la méthode naturelle et les articles d'une loi.

Chapitre 3. — Comment l'étude du *concret* et de *l'abstrait*, telle qu'elle est faite dans cet ouvrage, donne la cause d'opinions fréquemment reproduites dans la conversation.

TROISIÈME PARTIE. — APPLICATION FINALE
A L'ENSEIGNEMENT CONSIDÉRÉ AU POINT DE VUE LE PLUS GÉNÉRAL.

INTRODUCTION.

Chapitre 1. — Des méthodes spéciales qui ont guidé l'auteur dans les recherches dont cet ouvrage est la conclusion.

1er GROUPE. — RECHERCHES CHIMIQUES.

§ 1. — Observations relatives à l'exécution de manipulations et à l'emploi de réactifs qui intéressent la chimie de recherche.

ARTICLE 1. — De l'emploi des réactifs colorés.

ARTICLE 2. — De l'altérabilité du verre par l'eau et de l'altérabilité du verre-cristal par les réactifs alcalins.

ARTICLE 5. — De l'usage de l'alcool et de l'éther dans l'analyse organique immédiate.

ARTICLE 4. — De l'usage de la potasse et de la soude préparées à l'alcool, comme réactifs.

ARTICLE 5. — Essais en petit pour rechercher divers corps dans les matières organiques.

ARTICLE 6. — De la recherche de la partie minérale des composés organiques par l'incinération.

ARTICLE 7. — Reconnaître le gaz sulfhydrique dans des gaz où il n'entre à l'état de mélange que dans une très-faible proportion.

§ 2. — Diverses séries de recherches chimiques.

Article 1. — Série de recherches sur les matières colorantes.

Article 2. — Série de recherches sur les matières astringeutes naturelles.

Article 5. — Série de recherches sur les matières astringentes artificielles.

Article 4 — Série de recherches sur les matières grasses.

§ 5. — Méthode des lavages successifs.

§ 4. — Compositions équivalentes.

§ 5. — Définition de l'espèce chimique.

§ 6. — Distinction des forces qui interviennent dans les actions chimiques.

§ 7. — Distinction de l'analyse minérale d'avec l'analyse organique immédiate.

§ 8. — Les composés d'origine organique ne diffèrent point essentiellement des composés inorganiques.

§ 9. — Transformation de la matière inorganique en matière organique dans les êtres vivants.

2ᵉ groupe. — Recherches chimiques et physiologiques.

§ 1. — Méthode à *posteriori* expérimentale appliquée à reconnaître l'action des corps sur l'organe du goût.

§ 2. — Méthode pour reconnaître dans les eaux naturelles des corps qui sont la cause d'effets chimiques ou organoleptiques que ces eaux produisent.

3e GROUPE. — RECHERCHES PHYSICO-PHYSIOLOGIQUES SUR LA VISION
DES COULEURS.

Méthode à *posteriori* expérimentale appliquée à l'étude
de la vision des couleurs.

ARTICLE 1. — Contraste simultané des couleurs;

Harmonies d'analogue;

— de contraste.

ARTICLE 2. — Contraste successif et contraste mixte des couleurs.

4e GROUPE. — RECHERCHES PSYCHOLOGIQUES
SUR UNE CLASSE PARTICULIÈRE DE MOUVEMENTS MUSCULAIRES.

Méthode à *posteriori* expérimentale appliquée à l'explication de certains mouvements musculaires exécutés sans que la volonté les
commande.

CHAPITRE 2. — Distinction de deux ordres d'enseignement.

———

PREMIÈRE SECTION. — DE L'ENSEIGNEMENT ABSOLU.

CHAPITRE 1. — De l'enseignement des mathématiques.

CHAPITRE 2. — De l'enseignement religieux.

CHAPITRE 3. — De l'enseignement des lois.

CHAPITRE 4. — De l'enseignement du contraste simultané des couleurs et de ses applications.

DEUXIÈME SECTION. — DE L'ENSEIGNEMENT RELATIF A L'ETAT ACTUEL DE NOS CONNAISSANCES.

INTRODUCTION.

CHAPITRE 1. — Critique de l'enseignement relatif à la botanique et à la zoologie.

CHAPITRE 2. — Critique de l'enseignement médical.

CHAPITRE 5. — Critique de l'enseignement agricole

Il comprend deux parties :

L'agriculture pratique,   *l'art* ;

L'agronomie,   *la science* ;

1º Enseignement de l'agriculture donné dans une ferme modèle ;

—   — dans une ferme expérimentale ;

— par un instituteur ;

2º Enseignement de l'agronomie comprend deux parties :

L'économie végétale ;

— animale.

CONCLUSIONS.

PREMIÈRE PARTIE.

DE LA MÉTHODE A POSTERIORI EXPÉRIMENTALE.

CHAPITRE PREMIER.

DE L'ANALYSE ET DE LA SYNTHÈSE CONSIDÉRÉES RELATIVEMENT A LA MÉTHODE A POSTERIORI EXPÉRIMENTALE.

1. On ne peut se refuser à admettre une diffé-rence entre les individus d'une même espèce appar-tenant aux classes les plus élevées du règne animal, par exemple à celles des mammifères et des oiseaux, quand on les compare, sous le rapport des facultés,

que dans l'homme nous rapportons à l'entendement. Mais entre les premiers, la différence est toujours bien moindre que celle qui peut distinguer les hommes entre eux, comme un HOMÈRE et un NEWTON d'un homme vulgaire; en outre, les individus d'une espèce de mammifère, d'oiseau, etc., etc., étaient anciennement ce qu'ils sont aujourd'hui : ceux qui vivent en société comme les castors, les canards, les abeilles, les fourmis, montrent encore les instincts dont parlent les écrivains les plus anciens. On ne peut donc se refuser à reconnaître qu'à leur origine ces espèces possédaient toutes les facultés que nous leur voyons, différant en cela de l'espèce humaine dont les premières sociétés furent si loin de ressembler aux sociétés modernes aujourd'hui répandues sur le globe entier. Là est un fait immense ; au commencement de la société humaine, les espèces animales étaient telles qu'elles se montrent aujourd'hui, tandis que la première, en se développant, a enfanté ces merveilles du génie qui brillent du plus vif éclat dans les arts, les lettres et les sciences; et n'en déplaise au pessimiste, la condition de l'individu s'est améliorée avec le développement de la société humaine.

2. Comment la science zoologique moderne a-t-

elle résumé ce grand fait de l'observation, l'extrême différence existant entre l'homme et les animaux? Elle a dit : *l'homme est perfectible, tandis que l'animal ne l'est pas, du moins dans l'espèce d'une manière qui puisse lui être comparable.*

3. A quoi l'homme doit-il la perfectibilité? Immédiament *aux deux facultés de son intelligence appelées l'*ANALYSE *et la* SYNTHÈSE; par la première, il réduit un objet complexe en ses parties, en ses éléments; par la seconde, il réunit des parties séparées en un ensemble, en un tout.

Tel est le sens le plus général des mots *analyse* et *synthèse.*

4. La forme grammaticale de la pensée atteste l'antique intervention de ces deux facultés de l'esprit dans la formation des langues que les hommes ont parlé.

Des sciences les plus générales, dans leur expression abstraite, comme les mathématiques pures, ont adopté les mots *analyse* et *synthèse;*

Et la chimie, si étroitement liée à la connaissance de la matière, a été définie quelquefois la *science de l'analyse et de la synthèse* (9).

Ces citations, choisies avec réflexion, montrent

la grande importance des deux facultés de l'esprit humain, dont je parle, eu égard à la fois à l'ancienneté et à l'extrême différence de deux sciences, les mathématiques exclusivement consacrées à l'étude de la *grandeur*, et la chimie cherchant à connaître toutes les *propriétés*, tous les *attributs* de la *matière.*

5. Mais s'il est vrai que l'homme doit à ces deux facultés la perfectibilité par laquelle il se distingue si éminemment des animaux, est-ce une raison de considérer ces mêmes facultés comme des qualités supérieures de l'entendement qui le placeraient à côté d'un être doué d'une intelligence que nous considérons comme tout à fait supérieure? Je ne le pense pas, d'après les considérations que je vais développer.

6. L'homme ne peut connaître quoi que ce soit sans une étude préalable, et pour peu que l'objet ait quelque complexité, il se trouve forcé de l'étudier dans chacune de ses parties successivement; c'est donc en recourant à l'analyse qu'il arrive à un *premier but.*

Je dis premier but, parce que la connaissance déduite de l'analyse peut être erronée et qu'un contrôle est nécessaire si l'on veut la certitude d'avoir échappé à l'erreur; or à quel contrôle recourra-t-on? Naturellement à la *synthèse*, afin de voir si les parties étudiées séparément, représentent bien, après leur réunion, le tout, qui préalablement avait été soumis à l'analyse.

Si le produit de la synthèse confirme le résultat de l'analyse, le *but définitif* sera atteint.

Il est des cas où la *synthèse* a précédé *l'analyse*. On peut citer comme exemple la composition de l'eau en chimie. Cawendish, dans l'été de 1781, la détermina en brûlant les gaz oxygène et hydrogène; en 1784, Lavoisier et Meusnier confirmèrent la conclusion de Cawendish en décomposant l'eau par le fer porté au rouge.

7. N'est-il pas vrai que l'homme demandant à la synthèse le contrôle de l'analyse et à celle-ci le contrôle de la synthèse, est forcé par là même d'avouer sa propre faiblesse, lorsque cherchant la vérité, il est animé du désir de savoir s'il n'a pas pris l'erreur pour elle. Cette disposition est conforme à la pensée qui l'occupe, lorsque cessant de tenir les yeux abaissés sur les animaux, il les élève vers des êtres placés au-dessus de lui, sans les porter pourtant jusqu'à un être suprême doué de la

puissance créatrice, sa contemplation s'arrêtant à
une intelligence supérieure à la sienne, qu'il conçoit n'avoir besoin que du simple regard, si cette
expression m'est permise, pour pénétrer l'essence de
l'objet qu'elle veut connaître, affranchie qu'elle est
par sa supériorité même de recourir à l'analyse et à
la synthèse.

Maintenant que l'homme, abaissant son regard, le
porte autour de lui pour contempler ses propres
œuvres, et bientôt il reconnaît son impuissance à
créer quoi que ce soit; sa science se borne à opérer
de simples transformations de la matière; les machines les plus étonnantes conçues par son génie, ne
sont en définitive que des arrangements, bien ingé-
nieux sans doute! de solides, de liquides et de gaz,
de sorte que les effets, quelqu'en soit le merveilleux, sont le simple résultat des propriétés de la
matière brute à l'essence de laquelle il lui est inter-
dit d'apporter le moindre changement; que l'homme
compare ses œuvres à celles qu'il n'a pas faites; qu'il
voie les plantes indispensables au règne animal
variées comme les besoins qu'elles doivent satisfaire, et qu'après s'être reconnu le souverain des
animaux par son intelligence et le maître de quelques-uns devenus ses domestiques par droit de con-
quête, il fixe sa pensée sur ces êtres utiles vivant

comme lui, mais tout à fait ses inférieurs, dénués qu'ils sont de la perfectibilité dont il est doué, et certainement les réflexions suggérées par cette comparaison, loin de le conduire à l'exaltation de sa propre nature, le confirmeront dans l'opinion de l'imperfection de son intelligence qu'il avait déduite déjà de la nécessité où il se trouve de recourir à l'analyse et à la synthèse pour connaître tout objet du monde extérieur. Qu'un poëte, auteur d'une œuvre digne de l'admiration des hommes oublieux de ce qu'il doit au passé, et plein du souvenir de ses efforts, répète avec Corneille :

Je ne dois qu'à moi seul toute ma renommée.

Je le conçois sans peine ; mais le philosophe réfléchissant au progrès des sciences, à la diversité des génies auxquels une seule d'entre elles doit ce qu'elle est, supputant aussi ses efforts et ses veilles, n'atteindra jamais à l'orgueil du poëte ; et s'il embrasse d'un regard l'ensemble des animaux, obéissant à leurs instincts, instincts qui depuis des siècles président à leur existence, sa faible intelligence succombe devant une PRÉVISION *dont la sublimité lui échappe !*

8. Est-il un sujet plus grave pour la pensée humaine que la contemplation de l'instinct de la brute ! Quel spectacle en effet que ces nombreuses espèces d'animaux obéissant aveuglément à des instincts qui, restés les mêmes depuis un temps immémorial ont maintenu chacune d'elles dans sa forme originelle et jusqu'à nous en ont perpétué la durée ! En les étudiant au point de vue de la science la plus minutieuse comme de la plus pénétrante, on arrive à conclure que la coordination de toutes les parties correspondant à l'histoire de l'instinct du moindre des insectes est ce qu'il y a de plus merveilleux, de plus étonnant dans la philosophie la plus sublime, puisqu'elle dépasse en prévoyance toutes les limites concevables par la science humaine !

Si cette contemplation de la nature des animaux ne conduit pas à reconnaître une intelligence supérieure douée de la science infinie et de la prévoyance de ses actes, je reste confondu. Avec ma longue habitude d'interroger la nature conformément à la *méthode* A POSTERIORI *expérimentale* à laquelle ce livre est consacré ! *puis-je conclure le* NÉANT *de cette intelligence suprême?* Puis-je conclure, contrairement à la logique rigoureuse qu'elle prescrit à toutes les sciences du ressort de l'expérience, que l'instinct de la brute, plus étonnant à mon sens que l'intelligence humaine, est un effet des forces aveugles qui régissent la matière brute? Non; en vérité, non, ma raison s'y refuse!

CHAPITRE II.

DE L'ANALYSE ET DE LA SYNTHÈSE EN CHIMIE.
DÉFINITION DU MOT FAIT.

---

9. Si, comme je l'ai dit, l'homme doit toutes ses connaissances à l'analyse et à la synthèse, si ces facultés président à toutes ses recherches intellectuelles (3. 4.), évidemment on ne peut définir la chimie la *science de l'analyse et de la synthèse* (4), cependant il est rare qu'une proposition avancée dans une science par des hommes sérieux, l'ait été sans raison ; or, en y réfléchissant, on la découvre bientôt, c'est qu'en chimie seulement les actes de

l'esprit qui se rapportent à l'exécution manuelle de l'analyse et de la synthèse ont pour résultat des choses concrètes qui tombent sous les sens, des corps matériels qui se pèsent dans des balances. Ce fait spécial à la chimie, explique la définition de cette science que je viens de rappeler (4), définition que je n'ai jamais acceptée, parce qu'elle n'a pas trait à un caractère qui lui soit essentiel, à un caractère qu'elle ne partagerait avec aucune autre. *L'objet qu'elle se propose étant de distinguer la matière en types appelés* ESPÈCES CHIMIQUES *caractérisées, chacune par un ensemble défini de propriétés physiques, chimiques et organoleptiques,* c'est la définition que depuis longtemps je préfère, puisque aucune science ne peut remplacer la chimie pour donner à l'homme la notion approfondie de la nature spéciale de chaque corps.

10. Aucune des connaissances humaines, usant des mots *analyse* et *synthèse*, ne les emploie avec plus de précision et de clarté, que la chimie, conséquence naturelle de l'accord existant entre tous les chimistes pour appeler *simple*, le corps dont jusqu'ici on n'a pu séparer plusieurs sortes de matières, et *composé*, celui qui se trouve dans le cas contraire. Un corps simple ne peut donc prendre part

à une action chimique qu'en vertu de la synthèse, tandis qu'un corps composé peut être décomposé en vertu de l'analyse, et s'unir avec un autre corps en vertu de la synthèse; enfin, il y a analyse et synthèse dans le cas où un corps en expulse un autre d'une combinaison pour en prendre la place.

11. La définition du corps simple dans la science moderne, en accord parfait avec la *méthode* A POSTERIORI *expérimentale*, est conditionnelle à nos moyens actuels d'analyse, elle n'a donc pas ce caractère d'absolu de la science ancienne posant en principe la nature élémentaire ou simple, du *feu*, de *l'air*, de *l'eau* et de la *terre*. Et certes quelque réflexion à laquelle donne lieu le nombre de 64 corps admis aujourd'hui comme simples, il y a bien plus d'avantage à l'accepter comme *fait* découlant de la *méthode* A POSTERIORI *expérimentale*, que de le rejeter hypothétiquement parce qu'il ne paraîtrait pas vraisemblable d'après des probalités *a priori*.

12. Allons plus loin, sans cesser d'être d'accord avec tous les chimistes dans l'application des mots *analyse* et *synthèse*, aux différentes actions chimiques qu'ils observent entre les corps simples et les corps

composés, et relativement à l'expression des quantités réagissantes exprimées en *atomes*, en *volumes* ou
en *équivalents*, voyons comment la définition du mot
fait (4, *introduc.*) est véritablement sortie des réflexions auxquelles je me suis livré sur la nature des
corps simples et des corps composés, telle que les
chimistes les envisagent.

Que connaissons-nous dans les corps? rien autre
chose que des *propriétés*, des *qualités*, des *rapports*,
en un mot des *attributs*.

Qu'exprime donc le nom d'un corps? implicitement toutes ses *propriétés*, toutes ses *qualités*, tous
les *rapports* qu'il a avec quoi que ce soit, en un mot
tous les attributs qu'il possède.

L'histoire d'une *espèce chimique simple* comprend toutes ses propriétés et toutes celles des
composés qu'elle forme en s'unissant avec d'autres
corps.

Il en est de même de l'histoire *d'une espèce chimique complexe*, mais celle-ci comprend en outre
l'histoire des phénomènes qu'elle présente en se
décomposant.

Les choses amenées à ce point de vue la définition
du mot *fait* en est la conséquence naturelle.

Car s'il est vrai que nous ne connaissions les corps
que par leurs propriétés, leurs *qualités*, leurs *rap-*

ports, leurs *attributs*, et si, d'un autre côté, un *fait* est ce qui existe, ce qui a été, ce qui sera, en d'autres termes ce que nous connaissons, il devient évident que ce qui nous présente l'idée de la certitude, comme les *propriétés*, les *qualités*, les *attributs*, les *rapports*, sont des FAITS.

Enfin chaque *propriété*, chaque *qualité*, chaque *attribut*, coexistant avec d'autres, et pour être bien connus, chacun ayant été étudié séparément des autres, chaque *propriété*, chaque *qualité*, chaque *attribut* est une ABSTRACTION.

13. Je rappelle la définition du *fait* que j'ai fort souvent citée depuis la première fois où elle a été développée dans mes lettres à M. Villemain (1); mais pour qu'on ne me prête pas l'intention d'avoir formulé un système de propositions générales avec une prétention longtemps préméditée, de faire, ce qu'on appelle une *philosophie*, prétention contre laquelle je proteste, car je ne suis parvenu que peu à peu à des généralités, en ne perdant aucune occasion de résumer les pensées que m'ont offertes successivement des recherches expérimentales dont la

---

(1) *Lettres à M. Villemain*, Paris, 1856.

chimie a été le point de départ et n'a jamais cessé de m'occuper.

Tel est le motif pour que j'insiste sur cette science plus que sur toute autre, afin que le lecteur, désireux de suivre l'ordre général de mes idées depuis leur origine, puisse le faire et se rendre compte à lui-même de l'influence que le caractère propre à la chimie peut avoir exercé sur moi, lorsque d'autres sciences m'ont apparu sous un aspect différent de celui où elles avaient été antérieurement envisagées (introduction, 12.)

CHAPITRE III

DE LA DISTINCTION DES PROPRIÉTÉS DES ESPÈCES CHI-
MIQUES EN PROPRIÉTÉS PHYSIQUES, PROPRIÉTÉS CHI-
MIQUES ET PROPRIÉTÉS ORGANOLEPTIQUES.
DE LA DISTINCTION DE LA CHIMIE D'AVEC LA PHYSIQUE.

14. J'ai dit que le but de la chimie est de définir les corps en espèces caractérisées chacune par un ensemble défini de *propriétés physiques, chimiques et organoleptiques* (9).

Les *propriétés physiques* se manifestent lorsque l'espèce est soumise aux agents physiques appelés chaleur, lumière, électricité et magnétisme, en ayant égard à la force attractive essentiellement chimique, appelée *cohésion* si les molécules unies sont de la même espèce soit simple ou composée, et *affinité* si les molécules unies sont d'espèces diverses.

Les *propriétés chimiques* se manifestent entre des espèces différentes dont les molécules sont en contact apparent, par un changement dans leur constitution chimique.

Si nous percevons toutes les propriétés des corps au moyen de nos sens, il y a cette différence entre les *propriétés physiques* et les *propriétés chimiques* d'une part, et d'une autre part les *propriétés organoleptiques*, que sans hésitation nous jugeons, les propriétés des deux premières catégories comme existant indépendamment de nous, tandis que les *propriétés organoleptiques* sont des effets qui se manifestent en nous, soit qu'il s'agisse de rayons colorés réfléchis par des corps, soit qu'il s'agisse de corps qui sont en contact avec nos organes mêmes : dans tous les cas, il est impossible de se représenter les propriétés organoleptiques comme existant dans les corps, indépendamment de notre propre personne, ainsi que nous nous représentons les *propriétés physiques* et les *propriétés chimiques*.

Ainsi les saveurs, les odeurs, les couleurs et les sons existent en nous. Il est impossible de se représenter la saveur douce du sucre, la saveur salée du sel, l'odeur de la rose, la couleur rouge, la couleur orangée, etc., dans les corps; il en est de même des sons produits par les vibrations d'un corps élastique; si dans l'unité de temps le nombre des vibrations est trop faible ou trop fort, les mouvements du corps sonore ne nous donnent point la sensation du son.

Sans doute les mouvements des corps élastiques sonores, comme les mouvements vibratoires auxquels on attribue la cause des couleurs, existent indépendamment de nous, mais la perception des sons articulés du langage et celle des accords et des mélodies des sons musicaux sont en nous.

15. La manière dont j'envisage les sciences du ressort de la philosophie naturelle me permet de distinguer d'une manière incontestable la physique d'avec la chimie.

La *physique a été définie la science des propriétés générales de la matière.* J'adopte cette définition en faisant remarquer que ces *propriétés générales*, dont la physicien s'occupe, appartiennent exclusivement à la catégorie de mes *propriétés physiques*.

Existe-t-il une différence entre l'étude du chimiste quant aux propriétés physiques, et l'étude des mêmes propriétés par le physicien? Je réponds affirmativement.

16. Le chimiste étudie toutes les propriétés physiques, toutes les propriétés chimiques, toutes les
propriétés organoleptiques qu'il peut connaître
dans chaque espèce de matière, parce qu'il sait
que l'histoire de chaque espèce satisfait d'autant
plus, au point de vue de la science, que plus
grand est le nombre des propriétés connues. Le
caractère de la chimie résidant dans l'étude de l'ensemble des propriétés de chaque espèce chimique, il
est évident que cette science porte essentiellement
sur le *concret*.

17. L'étude des *propriétés physiques* faite par le
physicien, quoique appliquée aux propriétés qu'il
importe aussi au chimiste de connaître, diffère fort
de l'étude qu'en fait ce dernier.

Le physicien veut connaître une *propriété physique*, la *densité* par exemple ; eh bien ! il va l'étudier
dans des espèces chimiques prises à l'état solide, à
l'état liquide, à l'état gazeux ; il l'étudiera comparativement dans chacune d'elles, en usant d'instruments propres à lui faire apprécier avec toute précision, les circonstances où il opère, et ici le cabinet

de physique où les instruments sont à l'abri des vapeurs acides, sera préféré au laboratoire de chimie
pour ces recherches délicates. Enfin ajoutons qu'en
général des connaissances mathématiques assez approfondies sont indispensables au physicien, tandis
qu'à la rigueur elles ne le sont pas au chimiste, je
répète des connaissances mathématiques assez approfondies; quoiqu'il en soit la distinction, entre
l'étude du chimiste et celle du physicien d'une même
propriété, est que le premier ne cesse jamais de tenir
compte des autres propriétés qui l'accompagnent
dans le concret, tandis que le physicien fait abstraction de toutes les propriétés autres que celles qu'il
étudie dans diverses espèces concrètes. L'étude du
physicien étant comparative pour la même propriété
existant dans tous les corps soumis à son examen,
on voit que le but qu'il se propose d'atteindre appartient essentiellement à *l'abstrait*, c'est-à-dire à
une propriété considérée à l'exclusion des autres.
C'est donc là ce qui distingue la *physique* de la *chimie*,
mais parce qu'en définitive les deux sciences ont
ceci de commun, l'étude des *mêmes propriétés physiques*, on peut les considérer comme constituant une
même science, dont la chimie traite des propriétés
physiques, au *point de vue concret*, tandis que la physique les envisage au *point de vue abstrait.*

18. Mais comme une *propriété*, considérée isolée de tout être concret qui la possède, n'a aucune signification précise, après l'étude qu'en a faite le physicien, le chimiste doit la ramener *au concret*, c'est-à-dire à l'espèce chimique à laquelle elle appartient.

J'insiste sur le retour *au concret* de la *propriété physique* étudiée *abstraitement* et comparativement, parce que je reviendrai (56-57) sur ce fait dont la signification est celle-ci :

Par une *analyse mentale*, vous avez considéré une propriété physique à l'exclusion de toutes autres ; puis, après l'étude abstraite comparative, vous l'avez restituée par une *synthèse mentale* à l'espèce concrète : quelle conséquence faut-il tirer de cette *synthèse*, envisagée relativement à la *méthode* a POSTERIORI *expérimentale ?* C'est que vous devez rechercher si la connaissance précise de la propriété étudiée par le physicien, explique des faits qui se rattachent à cette propriété, dans la relation de l'espèce concrète avec des êtres, avec des choses quelconques.

19. Évidemment une *propriété chimique* aussi bien qu'une *propriété organoleptique*, à l'exclusion de toutes autres, peut être étudiée dans une suite d'espèces chimiques qui la possèdent, au point de vue abstrait et comparatif, comme l'est une propriété physique par le physicien. L'étude de la propriété chimique ou organoleptique faite à ce point de vue, permet de distinguer les chimistes qui s'y livrent, d'avec les chimistes dont l'étude est restreinte, soit à l'analyse, soit à la recherche d'un certain nombre de propriétés chimiques, qu'ils examinent sans les séparer par l'esprit de l'espèce ; cette dernière étude rentre évidemment dans le *concret*. Scheele, Margraff, Vauquelin ont particulièrement envisagé les espèces chimiques sous cet aspect, tandis que Berthollet, dans sa statique, en considérant plutôt des propriétés générales chimiques, que des propriétés spéciales aux espèces chimiques, s'est ainsi rapproché de l'étude du physicien.

J'ai donné un exemple de l'étude d'une propriété organoleptique faite conformément à cette dernière, lorsque j'ai envisagé l'action des corps astringents sur l'organe du goût, et j'ai montré la généralité de cette propriété dans les corps doués de natures les plus diverses, lorsqu'en définitive, ils sont susceptibles de s'unir plus ou moins fortement avec les matières azotées d'origine organique (3ᵉ part., chap. 1).

CHAPITRE IV.

DES PROPRIÉTÉS PHYSIQUES ET DES PROPRIÉTÉS CHI-
MIQUES QUI SONT SUSCEPTIBLES D'ÊTRE ÉTUDIÉES AUX
POINTS DE VUE ABSOLU, RELATIF ET CORRÉLATIF.

20. En 1818, je crus utile d'insister (1) sur la distinction que j'avais faite depuis plusieurs années
dans mes cours, de certaines *propriétés physiques* et
chimiques, qui sont susceptibles de se présenter à

(1) Dictionnaire *des sciences naturelles*, tome 10, article *corps*,
page 511.

l'esprit sous trois rapports : l'*absolu*, le *relatif* et le *corrélatif*. Le temps et l'importance que depuis près de vingt ans M. Grove a attaché à ce qu'il appelle la *corrélation des forces physiques*, sans qu'il ait eu connaissance de mes écrits, n'ont pu que me confirmer l'utilité de ces distinctions, eu égard non-seulement à la science, mais encore au jour qu'elles jettent sur les corrélations réelles d'un certain nombre d'expressions du langage usuel en les présentant à des esprits méditatifs avec un sens clair et précis qu'elles n'auraient pas eues sans cela (82, 83, 84).

21. Les *propriétés physiques* susceptibles d'être envisagées aux trois points de vue dont je parle, sont le *magnétisme* et l'*électricité*, et les *propriétés chimiques* susceptibles de l'être, sont l'*acidité* ou l'*alcalinité*, et la *propriété comburante* ou la *propriété combustible*.

22. Le *magnétisme*, au point de vue *absolu*, est la propriété dont jouit un certain minerai de fer d'attirer le fer *métal*.

Après qu'on eut distingué divers corps doués de la propriété magnétique, la pensée vint de les étudier relativement à l'intensité de cette propriété dans des barres ou lames de ces corps divers amenées à l'égalité de poids ou à l'égalité de volume. Le magnétisme fut étudié alors au point de vue *relatif*.

Enfin, lorsqu'on chercha à se rendre un compte plus exact du magnétisme, on arriva à ce résultat, que les phénomènes magnétiques ne se manifestent qu'entre des corps magnétiques. De sorte que, dans l'attraction exercée par un aimant sur un barreau de fer doux, ce barreau passe lui-même à l'état d'aimant par l'influence du premier. A la vérité, une fois soustrait à cette influence, la propriété magnétique s'évanouit.

Deux aimants façonnés en lames étroites allongées, étant posés chacun sur un pivot dont la pointe correspond à une petite cavité pratiquée au milieu des lames, on reconnaît que placés parallèlement à quelques décimètres l'un de l'autre, ils gardent leur parallélisme, et qu'après les avoir dérangés, ils le reprennent à la suite d'oscillations décroissantes. L'axe des deux aimants se trouve alors dans un plan vertical passant très-près des pôles nord et sud de la terre. Approche-t-on les deux aimants l'un de l'autre convenablement, on constate qu'ils se repoussent par leurs extrémités dirigées vers le nord ou vers le sud, tandis qu'ils s'attirent lorsqu'on rapproche les extrémités dirigées en sens contraire. Il en résulte que près des extrémités d'un même aimant où siége la propriété magnétique au degré le plus élevé, cette propriété y existe dans deux états différents, de sorte que les extrémités des deux aimants qui regardent le même pôle de la terre se repoussent, tandis que les contraires s'attirent.

De là cette conclusion : en distinguant un *magnétisme nord* et un *magnétisme sud*, on ne peut les définir qu'en disant que les magnétismes de même nom se repoussent et que ceux de noms différents s'attirent.

Or, ne pouvant définir l'un sans définir l'autre, la propriété magnétique envisagée ainsi devient *corrélative*.

23. L'*électricité* est absolument dans le même cas.

24. En étudiant les espèces chimiques simples relativement à l'acte de la combustion tel que l'a défini Lavoisier, on distingue une *espèce* de corps simple douée de la propriété *comburante* et une *espèce* de corps simple douée de la *propriété combustible;* dès lors l'acte chimique de la combustion consiste dans l'union de deux corps simples doués d'une forte affinité mutuelle, lesquels, en s'unissant rapide-

ment, donnent lieu à un vif dégagement *de chaleur et de lumière*.

En définitive, la propriété *comburante*, et la *propriété combustible* ne sont pas autre chose que deux affinités mutuelles très-fortes. L'une ne pouvant être définie à l'exclusion de l'autre, elles sont *corrélatives*, et il faut remarquer que dans la décomposition par la pile d'un corps brûlé, le *comburant*, doué de la propriété électro-négative, va au pôle positif, et le *combustible*, doué de la propriété électro-positive, va au pôle négatif.

25. Il existe des corps composés que l'on appelle *acides* et des composés que l'on appelle *alcalis*. Ces corps sont doués d'une forte affinité mutuelle, et, comme les comburants et les combustibles, quand on cherche à définir *l'acidité* et *l'alcalinité*, on ne le peut qu'en qualifiant ces propriétés chimiques de *corrélatives*.

26. Mais ce qui ajoute à l'intérêt de la définition des *acides* et des *alcalis*, c'est que les premiers ont des propriétés communes : par exemple, ils rougissent la couleur des violettes, ils jaunissent l'hématine quand ils sont étendus d'eau; tandis que les

seconds verdissent la couleur des violettes et bleuissent l'hématine.

Enfin les acides et les alcalis, en s'unissant en proportion convenable, font des composés qu'on appelle *sels neutres*, parce qu'ils ne changent pas la couleur bleue de la teinture de violette, ni la couleur orangé jaune de l'hématine.

27. Dès que vous êtes arrivé à considérer nettement l'*acidité et l'alcalinité* comme des forces *corrélatives* (24), vous reconnaissez qu'elles ne sont essentiellement qu'une *forte affinité mutuelle des acides et des alcalis ;* puis vous vous représentez clairement l'existence de corps doués d'une moindre affinité mutuelle qui se placent très-naturellement entre les *acides* et les *alcalis ;* et enfin vous arrivez à la conclusion que, quelle que soit la nature des forces que vous appelez *affinité, électricité positive, électricité négative*, il existe cette relation entre elles, que dans le *sel neutre* résultant de l'union de deux composés doués, l'un de l'*énergie acide*, l'autre de l'*énergie alcaline*, le courant électrique rompt cette union, de manière que l'*acide*, doué de l'*électricité négative*, va au pôle *positif* de la pile, et l'*alcali, doué de l'électricité positive, va à son pôle négatif.*

28. Ce grand résultat de l'étude des propriétés chimiques, [faite conformément à la manière dont le physicien étudie les propriétés physiques des espèces chimiques, a pour conséquence la certitude de déterminer expérimentalement par l'électricité voltaïque, le *principe* qui joue le rôle d'*acide* et celui qui joue le rôle d'*alcali* dans ces corps intermédiaires, d'une énergie trop faible pour agir sur les réactifs colorés à la manière caractéristique et des *acides* et des *alcalis* (26).

Vous êtes ainsi conduit à envisager l'*acidité* et l'*alcalinité* d'une manière relative et parfaitement exacte dans ces corps moyens entre les acides et les alcalis, et vous voyez, par exemple, que l'acide sulfurique uni à l'alumine forme un vrai sel, dont l'alumine est la base, tandis que cette même alumine unie à la soude joue le rôle d'*acide*, en formant un véritable sel dont la soude est la base. Résultats que la nomenclature chimique, telle qu'elle fut proclamée par les chimistes français, résume de la manière la plus heureuse en appelant *sulfate d'alumine*, le premier composé, et le second, *aluminate de soude*.

29. La conclusion de ces faits appliquée à une classification méthodique d'objets quelconques est claire; effectivement, tant qu'on n'a connu que des

acides et des *alcalis*, sans les corps qui se placent entre eux, la distinction des premiers d'avec les seconds était si facile qu'on n'a pas senti la nécessité d'une méthode. Cette époque de la science chimique correspond à celle de la botanique où des genres, des groupes de plantes se distinguaient sans peine les uns des autres, faute de connaître des intermédiaires.

Mais lorsque la chimie a eu découvert les corps moyens entre les acides et les alcalis, ces acides et ces alcalis n'ont pu, dès lors, être maintenus en *groupes distincts* et séparés que par une considération absolument artificielle; et alors, si les extrêmes ont cessé d'être distincts aux yeux de la science, celle-ci n'a point perdu de son exactitude, puisque les corps nouveaux dont elle s'est enrichie, loin de diminuer la précision de ses distinctions, ont ajouté à leur importance, par les nouvelles applications d'un même principe dont ils ont accru la généralité.

30. Enfin la chaleur et le froid, sous le rapport organoleptique, présentent une analogie remarquable avec les propriétés corrélatives que je viens de définir, car le sens de ces mots pris dans sa plus grande généralité, ne signifie pas autre chose que le

chaud est une température plus élevée qu'une température désignée par le mot *froid*. De là cette conséquence que ces mots n'expriment rien d'*absolu*, mais quelque chose de *relatif*, ou de *corrélatif* s'il s'agit de définir l'un par l'autre. Ainsi une température de 50 degrés, froide relativement à une température de 70 degrés, est chaude relativement à une température de 30 degrés. Mais cette explication ne suffit pas pour se rendre un compte exact et précis des sensations de chaud et de froid que nous pouvons ressentir en diverses circonstances.

La température du corps humain étant de 37 degrés, il semblerait tout d'abord que nous devrions sentir du froid lorsque la température de l'air serait au-dessous de la nôtre ; cependant il n'en est rien, car tout le monde sait que nous nous plaignons de la chaleur dans un air de 30 degrés.

L'explication de ce fait est facile, si l'on veut bien considérer qu'une cause sans cesse agissante produit en nous la chaleur apte à maintenir notre corps à 37 degrés, malgré la perte que nous en faisons incessamment par le rayonnement et le contact des corps qui nous touchent et dont la température est au-dessous de la nôtre. Il suit de cet état de choses que nous devons éprouver une sensation de chaleur si en touchant un corps nous perdons moins de chaleur que nous n'en aurions perdu dans l'état ordinaire. Voilà précisément ce qui arrive lorsque nous plongeons une main dans de l'eau à 30 degrés et l'autre main dans du mercure également à 30 degrés; l'eau, et le mercure surtout, nous paraissent chauds, parce que les mains perdent moins de chaleur que dans l'air. A 37 degrés, les deux liquides semblent également chauds, mais à 40 degrés, le mercure paraît l'être plus que l'eau; à 50 degrés, la différence est plus grande encore et la chaleur du mercure devient incommode après quelques dizaines de secondes. A la température de 18 degrés et *à fortiori* au-dessous, le mercure semble au contraire plus froid que l'eau.

La différence de température que nous semblent avoir l'eau et le mercure à 50 degrés tient à la grande densité du métal et à sa grande conducibilité de la chaleur, en vertu desquelles il cède à la main plus de chaleur que l'eau, malgré la plus grande chaleur spécifique de celle-ci. A 18 degrés et au-dessous, le mercure semble au contraire plus froid que l'eau, parce que, dans un même temps, il enlève plus de chaleur, et toujours en raison de sa plus grande densité et de sa plus grande conducibilité.

CHAPITRE V.

CLASSIFICATION DES PLANTES ET DES ANIMAUX.

31. Quand on remonte au berceau des sociétés humaines, on voit les hommes établir des distinctions entre les corps divers du monde où ils vivent, jugeant les uns indispensables et les autres plus ou moins nuisibles à leur bien-être. Une société, une fois fixée au sol, assurée contre le besoin de la faim et à l'abri des injures de l'air par des vêtements et des maisons, éprouve de nouveaux besoins, parmi lesquels il en est du ressort de l'intelligence. Après

des chants, des récits, des légendes, les arts se perfectionnent, la médecine commence, les beaux-arts multiplient leurs œuvres, la science, la philosophie et l'histoire se développent.

32. Un moment arrive où les minéraux, les plantes, les animaux fixent l'attention de la société, soit à cause de l'utilité dont ils peuvent être susceptibles, soit pour satisfaire au besoin de connaître la vérité scientifique, besoin impérieux pour certains esprits. C'est ainsi que nous sommes conduits à étudier les trois règnes de la nature qui constituent l'histoire naturelle.

33. La conviction une fois acquise que dans toutes les circonstances où l'homme se trouve, il sent la *nécessité de distinguer* pour connaître, lors même qu'il ne tend qu'à éviter d'être dupe, on conçoit l'intérêt réel de l'histoire naturelle et particulièrement de la botanique et de la zoologie, dont l'objet spécial est la connaissance des diverses espèces de plantes et d'animaux; elle ne satisfait pas seulement la science du naturaliste, mais le poëte et l'artiste la recherchent parce qu'ils trouvent en elle des modèles du beau; et après avoir fixé l'attention du

philosophe, elle devient pour lui un sujet de médi-
tation en présentant à son esprit les harmonies les
plus grandes comme les plus nombreuses et les plus
variées (1).

34. Parce qu'il n'existe aucune branche des connaissances humaines offrant à l'observation autant
d'êtres concrets à distinguer que ceux qui le sont
par le botaniste et le zoologiste, on peut dire que
l'examen de la manière dont le naturaliste a procédé dans le classement des espèces vivantes pour
les distinguer les unes des autres, en les groupant
cependant d'après le principe de leur ressemblance
mutuelle, est l'étude la plus utile à laquelle on puisse
se livrer lorsqu'il s'agit de juger ce dont l'esprit humain est capable en fait de classification d'objets
concrets.

35. Dès que le mot *espèce* a été appliqué aux êtres
vivants, il a désigné des êtres d'une même origine,
c'est-à-dire issus d'un même père et d'une même

____

(1) Voir le rapport de l'auteur au ministre de l'instruction publique sur son cours du Muséum de 1866, page 27, alinéa (68).

L'univers défini par Platon un animal *un* et *visible.*

mère. Ne voulant pas compliquer le sujet des incertitudes qui se rattachent à la question de la fixité ou de la variabilité de l'espèce, je n'entends parler que d'espèces réellement différentes par leur origine.

36. On sait que la classification des plantes, comme celle des animaux, se compose d'espèces réparties en groupes de différents ordres, dont les attributs, communs aux espèces d'un même groupe, vont en diminuant de nombre à mesure qu'on s'élève du *genre*, comprenant les espèces plus semblables entre elles qu'avec toutes autres, jusqu'à l'*embranchement*, le groupe le plus général après le *règne*.

Les groupes sont donc, en allant de l'espèce au règne :

Le *genre*, formé de plusieurs espèces;
La *famille*, formée de plusieurs genres;
L'*ordre*, formé de plusieurs familles;
La *classe*, formée de plusieurs ordres;
L'*embranchement*, formé de plusieurs classes.

37. Dès 1825 (1), j'ai fait remarquer la différence

(1) *Journal des savants*, 1825, p. 501.

existant entre la classification des animaux et celle
des végétaux, en ce qui concerne les groupes supérieurs au genre. En effet, l'homme, par la perfection de son organisation, servant de terme de
comparaison pour subordonner les animaux entre
eux, la classification de ceux-ci réunit si naturellement les groupes supérieurs, en commençant par
les *classes*, que les naturalistes modernes sont una-
nimes sur le mérite de la classification des animaux
d'Aristote.

38. Le règne végétal n'offrant rien de semblable,
on conçoit comment les botanistes, avant les zoo-
logistes, ont distingué explicitement une méthode
naturelle d'une méthode *artificielle*, en formulant
une classification des plantes conformément à la
première.

A ce sujet, je crois avoir établi sans contesta-
tion (1) que la *méthode naturelle*, appliquée à la classification des plantes comme distincte de la *méthode
artificielle*, a porté particulièrement sur le *groupe famille*. De sorte que, si des genres ont été réformés à
l'origine de cette application, il en est beaucoup qui

____

(1) *Histoire des connaissances chimiques*, tome 1ᵉʳ, page 158.

ont été conservés. La différence réelle entre les deux méthodes appliquées est que, dans les groupes *familles*, les espèces réunies par la *méthode naturelle* ont plus de ressemblance mutuelle que n'en ont les espèces réunies par la *méthode artificielle* dans les groupes supérieurs aux genres.

A. — Méthode naturelle en botanique.

39. Les noms de Bernard et d'Antoine-Laurent de Jussieu sont inséparables de l'institution en botanique de la *méthode naturelle* ; et l'idée de faire dépendre l'importance des caractères de leur *moindre variabilité* plutôt que du *nombre* d'attributs semblables communs a été généralement considérée comme une pensée heureuse d'Antoine-Laurent de Jussieu.

Incontestablement, le progrès existe en passant de la classification artificielle des plantes dans le *système sexuel de Linné* à l'établissement des *familles naturelles des de Jussieu*, par la raison que les botanistes français ont eu égard à plus de propriétés caractéristiques que Linné n'en avait admis, et qu'ayant en outre attaché le plus d'importance à celles qui éprouvent le moins de variation dans la vie des plantes, c'est une cause d'*homogénéité*, si je peux ainsi parler, pour leur classification. Cependant la critique la plus impartiale est obligée de convenir que la classification des plantes d'après la *méthode naturelle* des de Jussieu, jusqu'à nos jours, a éprouvé plus de modifications qu'on ne pouvait s'y attendre, et qu'à ce point de vue, toutes les espérances que ses fondateurs se promettaient n'ont point été réalisées.

40. Que serait-il arrivé si elle eût répondu à leur espérance?

C'est que le temps n'y aurait guère apporté d'autres modifications que celle-ci :

1° Les genres seraient devenus plus nombreux en espèces, parce qu'on en aurait découvert de nouvelles.

2° Des genres nouveaux auraient été formés au moyen de nouvelles espèces.

Et, si ces genres nouveaux n'étaient pas entrés dans des familles anciennes, ils en auraient constitué de nouvelles plus ou moins distinctes des anciennes.

Voilà des changements qui, au point de vue de la *méthode à posteriori expérimentale*, auraient été une solide confirmation de la méthode naturelle.

41. Il en a été autrement.

Des genres ont été défaits comme trop nombreux en espèces; et même il en est qui ont été dénaturés, détruits, et leurs espèces, remaniées avec d'autres, rappellent les soldats de régiments cassés que l'on disperse dans des corps divers de manière à faire oublier le régiment qu'on a voulu punir.

42. Sans entrer dans les détails, je me résumerai en disant qu'atteindre sûrement le double but de la méthode naturelle, à savoir d'*assimiler* et de *distinguer*, est excessivement difficile par les deux raisons que je vais donner; et, avant tout, ne perdons pas de vue qu'il s'agit surtout ici d'attributs relatifs à la distinction des groupes supérieurs aux genres, puisque nous avons dit (38) qu'un très-grand nombre de ces derniers ont passé des *classifications artificielles* dans des *familles naturelles*.

La *première raison* est, que le botaniste n'a pas toujours étudié les *attributs*, auxquels il a accordé une grande importance, comme les propriétés des espèces chimiques qui l'ont été, au point de vue abstrait, par le physicien ou le chimiste (chapitre IV, 22, 24, 25, 26).

La *seconde* est que, faute d'une appréciation certaine de la valeur des attributs employés comme ca-

ractères de divers ordres, des erreurs que le temps
a révélées ont été commises, soit que le botaniste
ait méconnu l'importance de certains attributs, soit
que le temps en ait fait connaître de nouveaux.

1re raison.

43. Si le botaniste a étudié comparativement les
attributs pris en considération pour la classification des plantes, il ne les a pas constamment envisagés à l'état abstrait, comme le chimiste philosophe
a étudié, par exemple, les propriétés corrélatives,
d'abord dans les corps qui possèdent *l'acidité* et *l'alcalinité* au plus haut degré, et ensuite dans ceux qui
ne manifestent que faiblement les mêmes propriétés. — De cette étude incomplète se déduit le défaut
d'appréciation exacte de la valeur d'un attribut envisagé comme caractère dans ses relations avec
d'autres.

Insistons sur l'exemple de *l'acidité* et de *l'alcalinité*
étudiées par le chimiste de la manière la plus générale et la plus précise.

44. Malheureusement, les attributs caractéristiques employés à la distinction des divers groupes de
plantes n'ont pas été examinés par les botanistes

6

d'une manière comparable à celle dont l'ont été, en chimie, *l'acidité* et *l'alcalinité*, ou s'ils les ont étudiés aussi bien que possible, eu égard au temps, les résultats de leurs études, n'ont point été formulés avec la même netteté que les résultats de l'examen de *l'acidité* et de *l'alcalinité*, et ce *défaut* de *précision dans l'appréciation rigoureuse de la valeur des attributs choisis comme caractères des plantes*, est une cause des difficultés qu'une lonque pratique de la méthode naturelle met aujourd'hui en évidence.

2e raison.

43. Le botaniste n'ayant pris en considération qu'un nombre insuffisant d'attributs, soit qu'il en ait exclus à tort, comme inutiles, soit que postérieurement à ses travaux, le temps en ait fait connaître de plus importants que ceux qu'il avait admis, cette circonstance à été une cause encore de l'imperfection qu'on a reconnue à des *classifications* données comme *naturelles*.

Conclusion.

En définitive, la *méthode naturelle* en botanique à éprouvé de profondes modifications depuis son origine.

1° Soit que des attributs n'aient pas été parfaitement appréciés;

2° Soit que des attributs récemment découverts aient changé la valeur des attributs sur lesquels reposaient les classifications antérieures.

46. Un fait consigné dans une thèse de Payer (1), m'a frappé; il s'agit d'une famille de plantes instituée par Adanson en 1763, sous la dénomination d'*espargoules;* voici ce que Payer en dit :

Elle comprend onze genres (*Adanson n'en compte que* 9). (*En* 1789) Antoine Laurent de Jussieu la supprime et en répartit deux genres dans la famille des *amaranthacées*, deux genres dans la famille des *portulacées* et sept genres dans la famille des *caryophyllées*.

(*En* 1810) Robert Brown, au lieu de mettre sept genres dans les *caryophyllées*, n'y met que les deux genres *ortegia* et *spergula*, et les autres genres constituent *une famille qu'il appelle illécébrées.*

(1) Soutenue à la faculté des siences de Strasbourg, le 5 février 1844, imprimée à Paris en 1844, avec le titre *des classifications et des méthodes en histoire naturelle.*

En 1815 Auguste Saint-Hilaire adopte cette *famille*, mais il la nomme *paronychiées*.

Enfin, dans le *Genera* d'Endlicher (*de* 1836 *à* 1840), l'auteur réunit les genres *ortegia* et *spergula* à la *famille des paronychiées* et revient ainsi à la *famille des espargoules* d'Adanson.

Sachant que Payer avait plus de sympathie pour Adanson que pour les de Jussieu, j'ai prié mon confrère, M. Brongniart, de me donner l'état actuel de la science sur le point de l'histoire de la botanique, traité par Payer, et la vérité est que sur les neuf genres d'Adanson, la famille des *paronychiées* comprend six de ces genres, que deux sont dans les *portulacées* et que le genre *spergula*, duquel Adanson avait tiré le nom de sa famille *espargoules* appartient aux *alsinées*, section des *caryophyllées*.

Si cet état de choses n'est pas absolument conforme aux texte de Payer, loin de modifier ma manière de voir sur l'état actuel de la *méthode naturelle*, il la corrobore plutôt qu'il ne l'atténue.

B. — Méthode naturelle en zoologie.

47. Sans revenir sur la différence signalée précédemment entre l'application de la *méthode naturelle*

à la botanique et son application *à la zoologie* (37-38), j'ajouterai quelques réflexions.

Si l'homme est un terme de comparaison propre à distinguer les groupes supérieurs d'animaux en embranchements et en classes, et même les groupes inférieurs, en y regardant attentivement, on reconnaît encore, dans l'appréciation de la valeur des attributs que l'on doit choisir pour *caractères*, des difficultés analogues à celles que présente la classification des plantes.

48. La diversité des organes des animaux, nécessaire aux exigences de la vie de chacune de leurs espèces, dans des circonstances du monde extérieur fort différentes, ne conduit-elle pas à penser qu'en fermant les yeux sur cette diversité, la comparaison des organes de l'homme avec ceux des animaux, faite conformément à l'importance que l'on donne aujourd'hui au PRINCIPE *de la subordination des caractères*, peut tromper en affaiblissant l'importance que l'on doit toujours attacher au PRINCIPE de *l'appropriation des organes aux fonctions qu'ils doivent remplir ?* Je reviendrai (68) sur la nécessité de rattacher le résultat de l'étude des organes, faite par l'anatomie comparée, à chaque espèce d'animal dont les organes ont été étudiés séparément et d'une manière

comparative, incontestablement afin de se rendre compte de leurs fonctions par une *synthèse* que je qualifie de *finale* (34).

En effet, le but de l'examen des espèces animales, relativement à la structure et aux fonctions de leurs organes, au point de vue de l'ensemble et de l'harmonie de toutes les parties, est d'expliquer comment ces espèces peuvent vivre dans les conditions du monde extérieur où elles naissent, se développent et se multiplient (35).

49. Je ne doute pas que l'étude des espèces animales, entreprise conformément à ces vues, ne donne à la science des matériaux autrement importants que ceux qui sont le résultat d'une étude purement descriptive, tendant à distinguer au moyen de quelques attributs seulement ces espèces les unes des autres, sans chercher à connaître le plus possible d'attributs à l'égard de chaque espèce.

50. J'ai signalé une difficulté de la classification des espèces animales, tenant surtout à l'idée qu'on s'est faite d'une série dans laquelle, en partant de l'homme, les espèces vont en se dégradant de plus en plus à mesure qu'elles occupent les échelons in-

férieurs de ce qu'on a appelé *l'échelle de l'organisation.*

51. Tout en reconnaissant la supériorité de l'homme relativement aux espèces animales, on ne tient compte que des organes visibles sans s'expliquer sur les *facultés intellectuelles* ou *instinctives* des espèces ; de là l'impossibilité à mon sens de ranger les espèces animales en une *série unique*, et même en des *séries parallèles.*

Cette considération m'a conduit à proposer une classification dans laquelle les ordres de chaque classe seraient disposés *par étages superposés* (1) ; indubitablement elle sera adoptée quand les naturalistes verront tout ce qu'il y a d'inexact dans le *classement par série* et qu'ils sentiront davantage la nécessité de compter pour quelque chose, dans une *méthode vraiment naturelle*, les facultés relatives à l'intelligence et aux instincts.

Dernières réflexions.

52. Mon intention, en faisant ces observations, n'est pas d'abaisser la science dans les travaux des

(1) *Histoire des connaissances chimiques,* tome 1. page 152.

hommes qui ont le plus contribué à son avancement, mais bien de consulter le passé avec l'intention de découvrir la cause de ces méprises de l'esprit humain, quand il s'agit d'établir des *distinctions*, de *caractériser* en général des *êtres concrets* et en particulier les *individus vivants*, afin de distinguer les uns des autres, avec l'intention expresse de les subordonner au PRINCIPE *de la plus grande ressemblance mutuelle*. Évidemment le moment est arrivé de juger si des règles prescrites depuis longtemps, et pour réunir des objets analogues, mais non identiques, et pour distinguer les uns des autres, sont des fils conducteurs auxquels on puisse se fier, et s'il ne convient pas d'ouvrir des voies d'après de nouvelles considérations.

En toute classification d'êtres concrets, il ne faut jamais perdre de vue la *facilité* de définir clairement une de leurs propriétés, un de leurs attributs, et la *difficulté* d'établir des distinctions précises en répartissant ces êtres dans des *groupes distincts*. Je reproduis (89) ce que j'ai dit ailleurs de la distinction en agriculture des *amendements* d'avec les *engrais* (1), et je rappelle ce que j'ai dit des *composés* qui sont

-----

(1) Voir le deuxième *Rapport* adressé au ministre de l'instruction publique sur mon cours de 1867, page 7 et plus bas (89).

venus s'intercaler entre les *acides* et les *alcalis* (25, 27).

53. Les deux facultés de l'entendement, *l'analyse* et la *synthèse* (6), témoignant à mon sens de l'imperfection de l'esprit humain plutôt que de sa perfection (7), j'en ai déduit la nécessité de *contrôler l'une par l'autre*, j'ajouterai l'idée que je me fais du rôle complet de la *synthèse* dans la manière dont l'esprit procède lorsqu'il veut classer les plantes et les animaux d'après la *méthode naturelle*. Il commence par étudier comparativement un même attribut, un même organe appartenant à un ensemble de plantes ou d'animaux, de même que le physicien étudie comparativement une même propriété physique appartenant à un ensemble d'espèces chimiques. Certes, je ne m'élève pas contre cette manière d'étudier qu'on fait rentrer généralement dans le domaine de la *synthèse*, mais cette *synthèse* n'est que *partielle* ; ou, ce qui est plus correct à mon sens, *préalable*.

54. La *synthèse finale* consiste, selon moi, à restituer mentalement à chaque espèce *tous les attributs, tous les organes*, que vous avez étudiés séparément et comparativement, afin d'acquérir au moyen de cette

restitution la certitude que la connaissance de leur réunion rend un compte satisfaisant de l'idée que vous vous faites de la vie de cette espèce dans les individus dont elle comprend l'ensemble. Cette restitution des *attributs*, des *organes* préalablement étudiés comparativement, faite à chacun des êtres vivants auxquels ils appartiennent respectivement, est donc bien le but de l'étude auquel aboutit la *synthèse finale*, et c'est à elle seule que vous pouvez demander cette parfaite harmonie des parties d'un tout ensemble qui avait tant frappé Platon dans ses méditations sur la vie de l'animal (1er rapport au ministre de l'instruction publique sur mon cours de 1866, page 19, et plus bas [68]).

55. Ces considérations montrent que le naturaliste désireux de connaître, aussi parfaitement que le permet l'état actuel de nos connaissances, l'histoire d'une espèce vivante quelconque, se trouve dans la nécessité de réunir toutes les connaissances qui s'y rattachent, au nombre desquelles nous comprenons celles que donnent l'anatomie, la physiologie et l'étude des facultés intellectuelles et instinctives.

On voit encore clairement comment l'anatomie, dont le point de départ a été l'étude de la structure des organes de l'individu, devenue comparative, est ramenée en définitive, par la *synthèse finale*, à l'individu, pour en compléter l'histoire, ou plutôt celle de l'espèce à laquelle cet individu appartient.

On ne peut mettre en doute aujourd'hui que le but final que j'assigne à l'histoire des espèces vivantes était celui que Buffon s'était proposé d'atteindre en écrivant son immortelle histoire naturelle!

CHAPITRE VI.

APPLICATION A LA GÉOLOGIE, A LA BOTANIQUE, A LA
ZOOLOGIE, A L'ANATOMIE ET A LA PHYSIOLOGIE, DE LA
MANIÈRE DONT LA CHIMIE ET LA PHYSIQUE ONT ÉTÉ
PRÉCÉDEMMENT ENVISAGÉES COMME PARTIES D'UNE
MÊME SCIENCE.

56. J'ai envisagé précédemment la chimie et la
physique comme deux parties d'une même science,
l'histoire des *espèces chimiques* (chapitre 3, alinéa 15
à 19). Lorsque tous les naturalistes seront d'accord
pour confondre les *espèces minéralogiques* avec les
espèces chimiques, on pourra dire les *espèces inor-*

ganiques ou minérales pour les distinguer des *espèces* qu'on ne trouve pas dans le règne minéral.

La chimie étudie les *espèces chimiques* au point de vue *concret* sans jamais cesser de les considérer, dans leurs actions, comme des résultantes de toutes les propriétés que chacune d'elles possède.

La physique ne s'étant pour ainsi dire occupée que de la catégorie des propriétés physiques, étudie une de ces propriétés dans les différentes espèces chimiques d'une manière comparative, sans se préoccuper des propriétés autres que la propriété qu'elle étudie. C'est ainsi qu'elle procédera pour toute propriété physique envisagée au point de vue *abstrait*.

Et ces propriétés une fois connues d'une manière précise par le physicien, feront retour aux espèces chimiques qui les possèdent respectivement.

Le but de la chimie et de la physique ne sera parfaitement atteint qu'après la conviction acquise par le chimiste que l'ensemble des propriétés explique tous les phénomènes que chaque espèce présente, du moins relativement aux propriétés étudiées.

57. Cette étude, véritable synthèse mentale finale, est tout à fait conforme à l'esprit de la *méthode* A POSTERIORI *expérimentale* telle que je l'ai envisagée;

car en définitive c'est un vrai contrôle pour savoir si l'étude qu'on a faite avec l'intention de connaître les propriétés d'une espèce chimique a atteint le but qu'on s'était proposé en l'entreprenant.

Maintenant, je vais montrer les analogies que présentent, evec cette manière de voir, la géologie, la botanique, la zoologie, l'anatomie et la physiologie.

58. Les cinq sciences que nous devons examiner, la géologie, la botanique, la zoologie, l'anatomie et la physiologie, n'ayant qu'un nom unique, diffèrent en cela de la *science des espèces chimiques*, comprenant deux parties la *chimie* et la *physique*, l'une concernant le *concret* et l'autre l'*abstrait*. Ce que je me propose de montrer, c'est que chacune des cinq sciences précitées se compose d'une partie *concrète* et d'une partie *abstraite*. En géologie, la partie *concrète* est un être minéral, ou s'il a vécu, un être mort depuis longtemps; c'est une roche, un terrain, un corps organisé fossile; dans les quatre autres sciences elle concerne l'étude de l'individu-plante et de l'individu-animal. L'anatomie considère cet individu relativement à la structure de ses organes, et la physiologie relativement aux fonctions de ce mêmes organes.

59. Passons aux parties abstraites de chacune des cinq sciences.

C'est dans la partie *abstraite* de la géologie que réside le caractère qui la distingue comme science de toute autre; car si l'on en considérait la partie *concrète* sans tenir compte de la partie *abstraite*, il serait difficile de la distinguer de la minéralogie, tandis qu'en attribuant à sa partie *abstraite* la détermination des époques relatives de la formation des roches et des terrains qui constituent la partie solide de la terre, on voit qu'en dehors de cette *partie*, il n'existe aucune autre branche de connaissance susceptible de lui faire concurrence.

60. La *partie concrète* de la botanique et de la zoologie correspond à la chimie dont le but est de connaître les propriétés des espèces chimiques après les avoir obtenues à l'état de pureté absolue. Mais entre les espèces vivantes, ou plutôt les individus qui les représentent, et les espèces chimiques, une grande différence existe : c'est que les premières ne peuvent être étudiées qu'intrinsèquement, telles que la nature nous les montre dans les individus, tandis que les espèces chimiques non-seulement sont étudiées avec toutes les propriétés qu'elles ont tant que leur nature spécifique se maintient, mais encore lors-

qu'elles s'unissent avec d'autres, ou si elles sont composées lorsque leurs éléments se séparent soit à
l'état d'isolement, soit en entrant dans de nouvelles
combinaisons.

61. La *partie abstraite* de la botanique et de la zoologie s'occupe de la classification des individus qui
ont été envisagés au point de vue *concret* dans la première partie de ces sciences.

Après avoir formulé le groupe des individus d'une
même origine sous la dénomination d'*espèce*, elle
forme les groupes d'ordres supérieurs dont j'ai parlé
dans le chapitre que j'ai consacré à la méthode naturelle appliquée à la classification des espèces végétales et des espèces animales (chapitre V, 36).

62. On a tenté à diverses époques de faire des classifications de certains groupes d'espèces chimiques;
mais les chimistes n'ont jamais attaché quelque valeur scientifique à ces classifications. Sans en exposer
tous les motifs, il y en a un que je ne puis taire, c'est
la facilité de reconnaître la nature d'une espèce chimique, lorsqu'on la soumet à des essais très-simples.

63. Tant que l'anatomie et la physiologie animales
se sont bornées à l'étude de l'individu homme ou

animal, elles sont restées *concrètes ;* elles n'ont commencé à prendre le caractère *abstrait*, le caractère vraiment *scientifique*, qu'à l'époque récente où elles ont étudié comparativement un même tissu, un même organe, ou une même fonction dans une suite plus ou moins nombreuse d'animaux d'espèces diverses.

64. Sans doute il existe une anatomie et un physiologie végétales, comme il existe une anatomie et une physiologie animales ; mais la science ne permet pas de formuler des principes, des généralités, concernant l'anatomie et la physiologie des plantes correspondant par le nombre et par la précision à ce qu'on sait de ces connaissances appliquées aux animaux, et cela est si vrai que les livres élémentaires de botanique ne comprennent que de faibles notions d'anatomie et de physiologie et de simples descriptions des différentes parties de la plante, telles que la racine, la tige, les feuilles, la fleur et les fruits, descriptions qui composent une branche de botanique appelée *organographie ;* mais en définitive cette *organographie* ne peut tenir lieu ni de l'anatomie ni de la physiologie végétales.

CHAPITRE VII.

L'ANATOMIE, LA PHYSIOLOGIE, LA MÉDECINE COMPARÉES, NE SONT PAS DES SCIENCES FINIES. LES CONCLUSIONS AUXQUELLES CONDUISENT LES ÉTUDES COMPARÉES RELATIVES A LA STRUCTURE ET AUX FONCTIONS DES ORGANES SAINS OU MALADES DE L'HOMME ET DES ANIMAUX DOIVENT ÊTRE RAMENÉES A CHACUNE DES ESPÈCES DONT LES INDIVIDUS ONT ÉTÉ EXAMINÉS.

65. Je comprends parfaitement la nécessité des études comparatives, et dès lors le caractère scientifique des travaux de Vic-d'Azyr et de Cuvier en anatomie comparée; mais ces études loin d'émaner de la science absolue, sont des conséquences de l'*analyse* à laquelle l'esprit humain ne recourt qu'à cause

de sa faiblesse même (5, 6, 7); et en instituant une *anatomie*, une *physiologie*, une *médecine*, *comparées*, le but qu'on se proposait, la *connaissance des espèces du règne animal aussi approfondie que possible*, a-t-il été atteint quand on s'arrête aux conclusions générales de ces *sciences* dites *comparées*? La *méthode* A POSTERIORI *expérimentale* répond, à mon sens, négativement à cette question.

66. Les études comparatives de ces trois sciences n'ont pas le caractère du *fini*, si l'on s'arrête aux conclusions générales qui en sont tirées; car si vous devez à l'étude comparative d'un même organe, dans la série des animaux, des connaissances évidemment plus exactes et plus approfondies que si vous vous étiez borné à l'étude d'un même organe dans un seul animal, il reste à dire comment la *connaissance de chaque espèce* dont les organes ont été étudiés séparément des autres ou comparativement, *pourra être approfondie autant que possible*.

67. Il y a un demi siècle et plus encore, j'entendais exalter l'*anatomie comparée* comme une *science* éminemment *synthétique;* ennemi de toute discussion oiseuse, je me garderai bien de protester contre cette opinion en niant absolument l'intervention de

toute *synthèse* dans les études comparatives des tissus, des mêmes organes appartenant à des animaux d'espèces diverses, surtout lorsqu'on oppose ces études comparatives à celles qui ne le sont pas. Mais s'il y a réellement *synthèse*, je la qualifie de *préalable* relativement à la *synthèse* que j'appelle *finale*, par les motifs qu'il est incontestable, que l'objet qu'elle se propose est d'approfondir autant que faire se peut la connaissance de chacune des espèces qui ont été soumises aux études comparatives, enfin que cette *synthèse finale* présente un moyen de contrôle tout à fait conforme à l'esprit de la *méthode* A POSTERIORI *expérimentale*, telle que je l'ai définie.

En effet, l'histoire naturelle d'une espèce vivante se composant de l'étude de chacun de ses attributs, en réunissant ceux que l'on connaît, on voit si leur résultante rend compte de tout ce qu'on veut savoir de cette espèce. Dans le cas négatif, on aperçoit les recherches qu'il faut entreprendre pour résoudre les questions à la solution desquelles on attache quelque importance.

68. C'est sur cette *synthèse finale* présentant l'histoire approfondie de l'ensemble des attributs de chaque espèce d'êtres vivants, que je réclame l'attention de tous les savants appelés par la nature des

choses à y concourir, tels que naturalistes, anato-
mistes, physiologistes, médecins, agronomes, chimistes, physiciens et philosophes. En osant faire
appel à tant de savants divers, je me sens enhardi en
me souvenant combien la pensée de Platon avait été
vivement frappée de l'harmonie avec laquelle toutes
les parties de l'animal concourent au maintien de
la vie, tant leur coordination pour lui était sublime !
Le corps vivant offrait si bien à ses yeux l'image la
plus sensible et la plus vraie de l'harmonie, harmonie
qu'il cherchait sans cesse hors de lui, que dans son
ignorance de la loi si simple à laquelle sont soumis
les mouvements des corps célestes, mais frappé de
la sublimité du spectacle de l'univers, il s'était
écrié : *le monde est un animal un et visible !*

69. Si ma conclusion relative à l'*anatomie comparée*, que j'étends sans hésitation à la *physiologie
comparée*, ne semblait pas suffisamment justifiée à
plusieurs de mes lecteurs, je les prierais de suivre
un raisonnement que m'a suggéré l'éloge que l'on
a fait d'une pensée de feu Rayer lorsque, doyen de
la Faculté de Paris, il avait manifesté l'intention de
professer un cours de *médecine comparée*. Une seule
leçon a été publiée. Certes avec les idées précédemment émises, je ne puis approuver trop hautement

cette intention ; les avantages en sont évidents,
quand il s'agit de l'étude comparative d'un même
tissu, d'un même organe, d'un même appareil,
atteints d'une même affection chez l'homme, et les
animaux qu'on peut avec raison lui comparer. L'intérêt ne croît-il pas si l'étude comparative donne l'occasion de voir l'influence que le moral, l'intelligence,
à des degrés différents. peuvent exercer sur des hommes affectés d'une même maladie que des animaux !

L'étude comparative de la médecine est semblable à l'étude comparative de l'anatomie et de la
physiologie. Dès lors que penserait-on de l'institution d'un cours de médecine comparée dans une
faculté de médecine, de l'obligation où seraient des
élèves de faire preuve de l'avoir suivi, si la pensée
créatrice du cours n'avait pas compris la nécessité
de rapporter à l'homme et à chaque espèce d'animal
en particulier, la maladie étudiée préalablement
d'une manière générale avec une lumière nouvelle;
la comparaison? Cette condition remplie au grand
profit de la médecine humaine et de la vétérinaire,
en mettant en évidence l'utilité de cette *synthèse finale* pour la question des maladies, ne justifie-t-elle
pas, pour la connaissance de l'homme et des animaux étudiés à l'état normal, la prescription de la

même méthode à l'étude de l'*anatomie et de la physiologie comparées*?

70. Pour peu qu'on veuille tirer à l'extrême la
conséquence des idées que je viens d'exposer, on en
verra l'accord avec les critiques que j'ai faites de l'*unité
de composition telle que l'a professée Etienne Geoffroy-
Saint-Hilaire* (1). Une étude dont le but est d'établir
la plus grande généralité entre des êtres divers a
toujours un grand intérêt lorsque, étrangère à l'hypothèse, elle repose sur un principe vraiment philosophique, parce qu'il est vrai. Ainsi, rien de mieux
que de suivre toutes les analogies existant entre les
animaux vertébrés; mais gardez-vous de penser en
principe que *tous les animaux* sont réductibles à une
forme unique, lorsque vous êtes incapable de le
démontrer. Si c'est une conviction, vous le direz
en avouant votre impuissance à le prouver; mais là
vous vous arrêterez et vous ne continuerez pas votre
enseignement comme si votre conjecture avait été
démontrée. J'ai toujours reconnu une grande différence entre des travaux portant sur des généralités,
suivant que les uns se bornaient aux rapports de
ressemblance, tandis que les autres signalaient ces

(1) *Journal des savants*, octobre et décembre 1863, février,
avril, juillet, août octobre 1864.

mêmes rapports et donnaient en même temps la raison des différences.

71. Les reproches qu'on peut faire aux auteurs de beaucoup de classifications sont donc, aux uns d'avoir fermé les yeux sur les différences des objets qu'ils voulaient rapprocher, et aux autres d'avoir attaché une importance exagérée à des différences insignifiantes, afin de faire des espèces, et même des genres nouveaux.

72. Comment ne pas espérer que l'étude des espèces vivantes, faite conformément aux considérations précédentes, ne conduira pas à des connaissances précises pour expliquer la part des organes les plus importants dans la vie particulière à chaque espèce. Cette étude que je préconise en cherchant ce que chaque espèce présente de plus *harmonieux*, à savoir l'aptitude des organes à satisfaire à la diversité des circonstances du monde extérieur où l'être organisé doit vivre, ne sera jamais aveugle sur les analogies véritables que peuvent avoir des organes de même nom chez des animaux dont la vie est fort différente, et jamais le savant qu'elle guidera ne sera exposé au mécompte que si fréquemment ont trouvé ceux qui ne cherchaient que des ressemblances.

DEUXIÈME PARTIE.

APPLICATIONS DES VUES DE LA PREMIÈRE PARTIE A L'ENSEIGNEMENT ET A DIFFÉRENTS FAITS SOCIAUX.

73. Les considérations que je viens d'exposer sont-elles difficiles à comprendre? Le soin que j'ai mis à les présenter clairement au double point de vue de l'expression et de leur coordination, me fait espérer qu'elles ne le seraient que pour des personnes prévenues ou depuis longtemps imbues d'idées plus ou moins opposées à celles que je viens de développer. Au reste, je demanderai à ceux de mes lecteurs qui

les taxeraient de quelque étrangeté, de vouloir bien me suivre dans la deuxième partie de cet ouvrage où je vais traiter de sujets fort divers, propres, par cette diversité même, à montrer toute la généralité de mes idées, et où ils verront la facilité avec laquelle elles se prêtent à l'explication de faits que la société présente journellement à ceux qui sont doués de quelque esprit d'observation. Ce compte rendu de faits recueillis dans le monde et envisagés comme des résultats d'expériences tentées sur les hommes vivant en société, puis interprétés conformément aux principes exposés dans la première partie d'après la méthode *à posteriori* expérimentale, sera un nouveau contrôle de ces principes qui, sans cela, eussent été restreints aux faits scientifiques proprement dits.

74. Cette seconde partie se divise en deux sections, la première comprenant les applications à l'enseignement, et la seconde les applications à différents faits sociaux.

SECTION PREMIÈRE.

APPLICATIONS RELATIVES A L'ENSEIGNEMENT.

CHAPITRE PREMIER.

DE LA MANIÈRE DONT LES ÊTRES CONCRETS ONT ÉTÉ ENVISAGÉS DANS LA PREMIÈRE PARTIE ÉTENDUE AUX MOTS DE LA GRAMMAIRE, LE SUBSTANTIF, L'ADJECTIF ET LE SUBSTANTIF ABSTRAIT.

---

75. Il existe certainement des rapprochements à faire entre la grammaire et ce que nous venons de dire de la matière, de ses *propriétés, qualités* et *attributs.*

Si tous les corps sont des *substantifs,* et si nous ne les connaissons que par des *adjectifs,* il faut introduire cette vérité dans l'enseignement de la gram-

8.

maire, et la faire saisir dès l'enfance à l'élève, afin de prévenir l'erreur de beaucoup de gens qui croient connaître une chose *sensible à la vue et au toucher* autrement que par des propriétés (Introduction 4).

76. N'est-il pas intéressant de montrer dans l'enseiment de la grammaire comment l'intelligence a procédé, avant toute science proprement dite, pour faire le *substantif abstrait*, en désignant par le langage une propriété commune à un certain nombre de corps, telle que la *blancheur*, la *dureté*, la *légèreté?*

En comprenant implicitement tous les corps *blancs*, ou tous les corps *durs*, ou tous les corps *légers* dans une même catégorie, n'a-t-elle pas devancé le physicien, lorsqu'il étudie la même propriété dans une série de corps qui la possèdent? Cette propriété, devenue une généralité, n'a-t-elle pas acquis une importance par la forme même du substantif qu'elle a reçue de la grammaire? Et cette importance n'a-t-elle pas précédé le physicien qui pourra un jour évaluer l'intensité de cette propriété au moyen de la comparaison et des mesures de précision dont il dispose?

Enfin, n'est-il pas intéressant de faire observer que l'esprit humain a procédé d'une manière ana-

logue, lorsqu'il s'est agi d'exprimer des qualités morales, telles que la *raison*, la *bonté*, la *piété?*

77. Qu'est donc, en définitive, le *substantif abstrait?*

C'est un adjectif devenu substantif, une *abstraction* à laquelle la réflexion d'hommes qui n'étaient
point encore savants a fait prendre la forme grammaticale du *substantif*, c'est-à-dire d'un être qui
tombe sous nos sens.

N'est-ce pas un témoignage considérable de l'exactitude de ce rapprochement entre les éléments réels
des sciences naturelles et la succession logique du
développement de la pensée humaine faite antérieurement par la grammaire?

Effectivement, indépendamment de toute science,
un être qui tombe sous nos sens, a été distingué absolument avant toute autre chose, comme un *substantif* dont le nom exprime implicitement tous les
attributs que comprend ce *substantif*.

Puis, le raisonnement ayant envisagé comparativement un ensemble de substantifs, a établi entre eux
des distinctions reposant sur des *adjectifs (propriétés, qualités, attributs, abstractions); et un adjectif* commun à un certain nombre de ces substan-

tifs s'est présenté, comme un *fait*, quoiqu'il exprimât une connaissance toute *abstraite ;* et enfin, ce fait *abstrait* est devenu comme chose sensible, un *substantif abstrait*, ou ce qui est plus correct, à tous égards, un *adjectif-substantif connu d'une manière plus précise que le substantif concret*, puisqu'il n'exprime qu'une seule idée, une seule qualité, un seul attribut.

78. N'y a-t-il pas dans cette succession d'idées un ordre semblable à celui que l'étude des sciences naturelles pures de la première catégorie m'a fait signaler? Cette analogie ne témoigne-t-elle pas fortement en faveur de ma manière de voir?

79. Maintenant complétons ce sujet en montrant l'erreur commise dans les sciences à différentes époques, lorsqu'un *effet*, un *phénomène,* a été attribué à un corps particulier, quoique cet effet, ce phénomène, appartînt en réalité à un corps déjà connu. Comme exemple, je citerai le *son*, que Geoffroy Saint-Hilaire a prétendu être un corps *impondérable* spécial qu'il a comparé au *calorique,* à la *lumière,* au *fluide électrique,* au *fluide magnétique ;* or, qu'est ce prétendu corps? le simple effet d'un mouvement vibratoire d'une certaine vitesse éprouvé par toute

matière élastique ; pour que le son soit perçu comme
sensation, le mouvement ne doit être ni trop lent ni
trop rapide, de sorte que, si le corps sonore est en repos, ou si ses mouvements sont trop lents ou trop
rapides, il n'y a pas de son appréciable. Cet exemple
montre la différence existant entre une propriété *permanente*, comme la *pesanteur*, et une propriété *passagère* ou *dynamique*, comme la *propriété sonore*.

80. Aujourd'hui, la *chaleur* et la lumière sont
généralement considérées comme des propriétés dy-
namiques et non comme appartenant essentiellement
à des corps *impondérables* appelés *calorique* et *lumière*.
Le corps auquel on attribue par excellence la faculté
de produire la lumière et même la chaleur est excessivement rare et d'une élasticité parfaite : on l'appelle *éther*.

Mais on admet que les molécules même des corps
pondérables mises en mouvement sont susceptibles
de devenir chaudes et même lumineuses.

Il y a donc entre les corps chauds, les corps lumineux et les corps sonores une grande analogie.

81. On peut citer bien des cas où dans des sciences
diverses une propriété permanente, et en médecine,

une propriété accidentelle d'un organe malade, sont devenues des *êtres;* en un mot, où des abstractions ont été *réalisées* en des êtres *concrets*, et cela, à mon sens, au grand détriment de la science.

ANNEXE.

Je lis dans une leçon faite au Collége de France le
7 de décembre 1868, par M. Michel Bréal, sur la grammaire comparée, les lignes suivantes :

« A plus forte raison ne faut-il chercher aucune
« différence originaire entre le substantif et l'ad-
« jectif. Comme le langage pour marquer la per-
« sonne ou les objets, les désignait par leur qualité
« ou leur manière d'être la plus saillante, tous les
« substantifs ont commencé par être des adjectifs
« pris substantivement. »

Certes, ce passage est loin d'être contraire à cette
proposition, base à mon sens de *toutes nos connais-*

sances, que nous ne connaissons *le* SUBSTANTIF *que par l'*ADJECTIF; cependant est-il rigoureux de dire que tous les *substantifs ont commencé par être des adjectifs pris substantivement ?*

Je comprends sans peine les noms de *Lenoir*, *Lebrun*, *Leblanc*, *Petit*, *Legrand*, etc., qu'on a donnés à des hommes d'après un de leurs attributs, lorsqu'une langue était déjà formée, mais je ne m'explique pas à l'origine d'une société la distinction de *l'adjectif* avant celle du *substantif*. Je pourrais admettre sans doute qu'un nom donné à une personne fût devenu plus tard un mot adjectif lorsqu'on aurait remarqué le même attribut dans une autre personne et même dans une chose, mais à mon sens ce serait l'exception.

Je ne comprends donc pas qu'au berceau d'une langue quelconque le *substantif*, le CORPS, le CONCRET, n'ait pas frappé l'attention avant tout : évidemment *l'adjectif*, l'ATTRIBUT, l'ABSTRAIT n'a pu se présenter à l'esprit qu'après le substantif. S'il en était autrement j'aurais trop raison parce que, ce serait reconnaître que des hommes non savants auraient été frappés plus de la *chose abstraite* que de la *chose concrète.*

CHAPITRE II.

DE DIFFÉRENTS MOTS DU LANGAGE USUEL AUXQUELS L'IDÉE DE CORRÉLATION EST APPLICABLE.

82. J'ai saisi toutes les occasions que la culture de la science m'a présentées de donner, sinon plus de précision au sens de certains mots du langage usuel, du moins plus de facilité à faire comprendre le sens réel de ces mots à des personnes auxquelles il aurait pu échapper.

83. Après avoir montré dans la PREMIÈRE PARTIE (ch. IV) l'intérêt qu'il y a, pour l'histoire des sciences

physiques et chimiques, d'envisager certaines propriétés aux points de vue *absolu, relatif* et *corrélatif*, il me reste à rapprocher cette distinction de plusieurs expressions corrélatives du langage usuel.

Je citerai comme premier exemple les mots :

$$\left\{ \begin{array}{l} \text{père,} \\ \text{mère,} \end{array} \right\} \quad \text{et enfants} \quad \left\{ \begin{array}{l} \text{fils,} \\ \text{fille.} \end{array} \right\}$$

Évidemment, ces mots sont corrélatifs, car vous ne pouvez définir ceux de la première colonne à l'exclusion de ceux de la seconde, ni ceux-ci à l'exclusion des mots de la première colonne. Il en est de même des expressions *grand* et *petit*, *dessus* et *dessous*, *droit et gauche*, etc., etc.

84. Je citerai encore le mot *liberté*. Il signifie pour tous le pouvoir *d'exercer sa volonté ;* voilà le sens *absolu*.

Mais suffit-il, lorsqu'on s'adresse à de jeunes esprits, de s'en tenir à cette définition?

N'y a-t-il pas quelque avantage à montrer que le mot *liberté* peut être considéré au point de vue *absolu* et au point de vue *corrélatif*, ainsi que je l'ai dit de plusieurs propriétés générales de la matière du ressort de la physique, de la chimie et de la physiologie? (21. 22. 23. 24. 25) Je réponds affirmativement.

Si le sens du mot liberté, défini le *pouvoir d'exer-cer sa volonté*, est vrai quand il s'agit de l'*individu isolé*, il cesse de l'être s'il s'agit des *individus d'une société :* car si un individu de l'association se livre à un acte spontané qui soit nuisible à un individu et *à fortiori* à plusieurs, évidemment il sera répréhen-sible, puisqu'il aura blessé la liberté d'autrui. S'il n'était pas répréhensible, la liberté serait donc la faculté, je ne dis pas le droit, dévolue au plus fort de nuire au plus faible, ce qui est absurde. Con-séquemment, la *liberté* n'existe dans une société qu'à la condition d'être restreinte jusqu'à la limite où com-mencerait l'oppression d'un de ses membres par un autre; dès lors, envisagé de ce point de vue, le mot *liberté* devient *corrélatif* du mot *devoir*, c'est-à-dire de l'obligation de respecter la liberté d'autrui, article fondamental de la loi de tout peuple civilisé et libre.

CHAPITRE III.

DIFFÉRENCE QU'IL PEUT Y AVOIR, QUANT A LA CLARTÉ
DU SENS, ENTRE LA DÉFINITION D'UNE PROPRIÉTÉ QUI
EST TOUJOURS UNE ABSTRACTION ET LA DÉFINITION DES
ÊTRES CONCRETS AUXQUELS CETTE PROPRIÉTÉ EST AP-
PLIQUÉE COMME CARACTÈRE.

85. Sans hésitation je reproduis ici, en résumé, ce
que j'ai dit du *fait* dans la première partie de l'ouvrage, avec une conviction qu'un exposé concis des
raisonnements sur lesquels repose la définition que
j'ai donnée de ce mot, permettra au lecteur d'apprécier sans peine l'importance d'une des distinctions les

plus considérables que je me suis proposé d'établir en composant cet ouvrage. Effectivement, entre la définition, d'une part, d'un attribut, et d'une autre part celle d'un objet, d'un être concret, auquel appartient cet attribut avec beaucoup d'autres, il peut y avoir une différence extrême entre la *définition abstraite* et l'application qu'on en fera au *concret* quant à la clarté des idées.

86. Ce qu'on appelle un *fait* étant une vérité, et ne connaissant la matière que par des *propriétés*, des *qualités*, des *attributs;* en outre toute *matière*, tout *corps* présentant un ensemble de propriétés, d'attributs, et ces propriétés ne pouvant être bien étudiées qu'après avoir été séparées, par la faculté d'analyser dont l'esprit est doué, de l'ensemble concret auquel elles appartiennent, il s'ensuit qu'une *propriété*, une *qualité*, un *attribut de la matière*, est une *abstraction*, et cette *abstraction* ainsi étudiée et bien définie est un FAIT.

Au point de vue de l'abstraction, quelle est la propriété la plus claire, la plus facile à saisir?

C'est celle dont la dénomination a le plus de simplicité, en ceci qu'elle ne présente qu'un seul sens à l'esprit, qu'elle éveille la même idée chez tous ceux qui l'entendent prononcer. Dès lors, le *nombre* énonçant une grandeur discontinue, une propriété *mesurée* ou *pesée*, est bien une abstraction simple des plus précises.

87. Mais, s'il est facile de dénommer clairement une propriété, ce n'est point une raison pour que toujours l'esprit comprenne bien l'état concret d'un être auquel on appliquera la dénomination de la propriété abstraite.

Par exemple, la propriété d'être *fini* ou *infini* se présente clairement à l'esprit par la vue d'une ligne (mathématique). L'œil voit la ligne finie, et l'esprit se représente la ligne *infinie* en en concevant la prolongation incessante par les deux extrémités; mais si vous appliquez l'idée de *fini* ou d'*infini* à l'*univers*, alors vous ne concevez clairement ce *concret* ni comme fini ni comme infini.

Cet exemple, à mon sens, est des plus frappants pour montrer la différence existant entre une propriété envisagée abstraitement, et la même propriété considérée dans des corps où elle existe avec beaucoup d'autres propriétés : ce résultat m'engage à montrer l'importance de l'observation que je viens de faire relativement à la classification d'objets concrets quelconques.

88. Qu'on réfléchisse à la facilité de comprendre les mots de *fini* et d'*infini*, considérés abstraitement, et l'impossibilité de concevoir, en les appliquant à l'univers, l'ensemble de tous les êtres concrets, si cet ensemble est ou *limité* ou sans *limites;* et qu'on veuille bien se rappeler la manière dont j'ai distribué les sciences du ressort de la philosophie naturelle (1), et l'on comprendra sans peine la cause de la difficulté qui se présente journellement dans les cas où un mot exprimant un *attribut,* dont la définition est parfaitement claire, est appliqué à des être concrets avec l'intention de les distinguer d'avec d'autres.

Amendement et engrais.

89. En agriculture, les mots *amendement* et *engrais* reviennent sans cesse dans la conversation et dans les livres. Essayez de les définir pour dénommer deux catégories distinctes d'êtres concrets, et vous en reconnaîtrez l'impossibilité. Pourquoi? C'est que tel amendement pourra agir comme engrais et tel engrais comme amendement; de là cette conséquence que vous préviendrez toute difficulté en procédant

(1) *Histoire des connaissances chimiques,* t. I, p. 201.

à l'instar du savant qui définit les propriétés des êtres concrets après les en avoir mentalement séparées. Vous définirez ainsi la propriété d'amender un sol : *l'action physique exercée par une matière solide sur un sol pour le rendre favorable à la culture ;* et vous définirez la propriété de l'engrais : la *propriété d'une matière pénétrant en tout ou en partie dans une plante pour contribuer à son développement.*

90. Ces définitions permettent d'étudier chaque amendement, chaque engrais sans difficulté, conformément à l'action simple ou double qu'il est susceptible d'exercer sur la végétation.

Du sable ajouté à un sol argileux, tenace, retenant l'humidité, agira comme amendement en le rendant perméable à l'air et à l'eau. S'il est composé d'un quartz absolument insoluble dans l'eau, il n'*agira pas comme engrais*, tandis qu'un sable calcaire susceptible de passer dans la plante après avoir été dissous et de s'y assimiler agira à la fois *comme amendement et comme engrais.*

Le *fumier frais*, renfermant de la paille, agira nonseulement comme engrais, mais encore comme amendement, tant que cette paille, conservant sa solidité, divisera le sol ; mais en s'altérant, et le produit de son altération pénétrant dans la plante, elle agira comme engrais.

91. Aux deux exemples cités des mots *fini* et *infini*, *amendement* et *engrais*, je pourrais en ajouter d'autres ; mais en lisant l'énoncé du principe tel que je l'ai formulé, et les deux exemples cités à l'appui, j'espère avoir prévenu bien des difficultés qui ne l'auraient point été sans cela.

92. Qu'on veuille bien se rappeler tout ce qui a été dit dans la première partie, relativement à la difficulté de distinguer et surtout de classer les êtres vivants conformément au principe de la plus grande ressemblance mutuelle, base de la méthode naturelle, et l'on verra que toute la difficulté tient à la cause dont je viens d'indiquer les effets ; les distinctions supérieures à celles de l'espèce, sont des expressions abstraites qui à un moment donné ne pourront plus se maintenir comme expressions exactes de la vérité, parce que des découvertes ultérieures feront connaître de nouveaux attributs qui seront en désaccord avec les expressions abstraites auxquelles, dans l'origine, l'état des connaissances ne permettait pas de leur refuser le caractère de la vérité.

93. Les *mathématiques pures* se composant d'axiomes, propositions évidentes par elles-mêmes, et de principes et de théorèmes dont la vérité peut être démontrée, il est évident que l'enseignement des mathématiques pures ne peut donner lieu à aucune erreur dans les applications qu'on en fera à la solution des problèmes qui sont de leur ressort, puisque ces applications ne sont que les conséquences d'axiomes, ou de propositions préalablement démontrées vraies.

94. Que l'on veuille bien maintenant revenir au *concret* et l'on verra la différence extrême de l'enseignement des mathématiques pures avec tout enseignement, dont le but final est la connaissance d'objets quelconques, d'êtres organisés pour vivre, tels que plantes et animaux, en un mot de ce qui est *concret* et que nous ne pouvons connaître que par ses attributs. Or, pour que *l'enseignement relatif au* CONCRET eût la rigoureuse exactitude de *l'enseignement des mathématiques pures*, il *faudrait absolument* que toute proposition générale énoncée à l'étudiant pour lui faire connaître le concret, comprît la connaissance parfaite de tous les attributs de ce concret, condition qui n'existe pas ; dès lors l'enseignement relatif au concret ne peut être que relatif aux attri-

buts que nous connaissons et personne ne peut assurer que nous en connaissons un seul parfaitement.
Tel est l'état des choses.

Nous reviendrons dans la troisième partie sur ces
idées qui nous permettront de distinguer deux ordres
d'enseignement : *l'enseignement absolu* et *l'enseignement* dont le but est la connaissance du concret.

CHAPITRE IV.

DU PRINCIPE DE L'ASSOCIATION DES IDÉES
DANS L'ENSEIGNEMENT.

---

95. Pour peu qu'on ait réfléchi aux aptitudes diverses des jeunes esprits à recevoir un même enseignement où le raisonnement est pour quelque chose, et qu'on ait cherché à se rendre compte, non d'une manière spéculative, mais en étudiant individuellement un certain nombre de ces jeunes esprits, après avoir trouvé la cause principale de la différence d'aptitude dans la diversité des dispositions psychologiques, on ne peut se refuser à faire encore une

10

part d'influence à la diversité des circonstances du monde où chacun d'eux a vécu. De là cette conséquence qu'à intelligence égale, un même enseignement n'aura pas une égale clarté pour l'esprit de tous les élèves auquels il s'adressera, et *à fortiori* si les facultés intellectuelles sont diverses quant à la grandeur et aux dispositions spéciales qui rentrent dans ce qu'on nomme l'*idiosyncrase*.

96. Cette diversité d'aptitudes doit, à plusieurs égards, appeler l'attention du maître; les interrogations ont la double utilité de lui faire connaître s'il est compris de ses élèves en général et si quelques-uns d'entre eux n'exigent pas de sa part des explications particulières sur ce qu'il doit enseigner. Sans doute, le nombre des élèves d'une classe est favorable à l'enseignement par l'émulation qu'il comporte, mais reconnaissons la nécessité des répétitions quand on a l'intention de parler à l'élève le langage le plus approprié à ses facultés. Enfin, le premier soin du précepteur d'un élève unique doit être de connaître l'aptitude spéciale de celui qu'il veut instruire; c'est, en effet, la première condition d'un bon enseignement individuel.

97. L'efficacité du *principe de l'association des idées*

est incontestable pour apprendre quoi que ce soit,
et il faut ajouter pour faire retenir ce qu'on a appris.
Tout maître intelligent doit donc le mettre en pratique, et il se recommande au répétiteur et surtout
au précepteur chargé d'instruire l'élève qui lui a
été confié. J'ai connu intimement des jeunes gens,
prévenus jusqu'à la passion contre la matière d'un enseignement qui n'avait offert aucun attrait à leur
esprit, parce que, me disaient-ils, malgré toutes les
questions, le maître n'avait pu leur en faire concevoir ni le but, ni l'utilité, revenir à une opinion
absolument contraire, parce qu'un homme s'était
trouvé qui, en captivant leur attention par une heureuse association d'idées, leur avait ouvert les yeux
sur les grands avantages et les charmes mêmes que
leur offraient des études à l'égard desquelles ils ne
s'étaient senti jusque-là que le plus extrême éloigne-
ment.

98. L'usage de l'enluminure dans la confection
des plans terriers et des cartes géographiques, reposant sur le principe de faire saisir facilement aux
yeux la diversité des parties d'un ensemble, m'a
semblé devoir prendre plus d'utilité, si l'emploi des
couleurs, cessant d'être arbitraire, était subordonné
à quelques règles fort simples qui, en même temps,

satisferaient *au principe de la distinction des parties
d'un tout* et au *principe de l'association des idées* conformément aux propositions que j'ai énoncées dans
mon ouvrage sur *la loi du contraste simultané des couleurs* (1839) (1).

99. Avant tout, disons que, pour enluminer une surface où se trouvent des caractères, des chiffres, des
linéaments quelconques, une règle doit toujours être
observée : c'est d'employer une couleur d'un ton
assez clair et toujours transparente, afin que la vision des lettres, des chiffres et des linéaments soit
toujours facile.

100. Sans insister sur l'avantage que présente l'emploi des papiers de couleur, ou ce qui revient à un
certain point au même, de marquer, d'un coup de
pinceau de couleurs diverses des papiers blancs de
différents ordres, de différents sujets que l'on veut
classer et conserver ; sans insister sur l'usage d'éti-
quettes ou d'enveloppes de couleurs diverses pour
des graines de plantes à fleurs de différentes couleurs ; sans insister sur l'utilité que l'enseignement

(1) Page 329.

retire de l'usage des couleurs consacrées à des objets spéciaux, surtout lorsqu'ils se trouvent ensemble, je vais parler de l'usage raisonné des couleurs,
soit pour des sujets qui se prêtent à un ordre de succession ou de superposition, comme le sont, par
exemple, en géologie, les terrains formés de couches horizontales, soit pour des sujets qui sont susceptibles de se mêler, de se confondre, après s'être
montrés chacun d'une manière distincte, parce qu'ils
étaient isolés.

A. — *Emploi des couleurs pour des choses superposées
ou successives.*

101. Lorsqu'un rayon de lumière blanche émané
du soleil traverse un prisme de verre, il se partage en rayons de diverses couleurs, parce que le
rayon blanc n'étant qu'un mélange de ces rayons
qui subissent des déviations inégales en traversant
le prisme, ils se trouvent alors ainsi séparés et présentent chacun sa couleur spéciale, ou, pour parler
exactement, l'activité spéciale d'après laquelle il
produit en nous une sensation exprimée par la couleur que le langage attribue au rayon qui en est la
cause. L'ensemble des rayons colorés est le *spectre
solaire*.

10.

En commençant par les rayons les moins réfrangibles, on a :

Le rouge,

L'orangé,

Le jaune,

Le vert,

Le bleu,

Le violet.

102. En considérant chacune de ces six couleurs comme graduée en tons croissant d'intensité, du blanc au noir, de manière qu'entre ces extrêmes on compte 20 tons équidistants, je sais par expérience qu'en prenant les tons 1, 3, 5, 7, 9 et même 11, on aura des teintes très-distinctes et susceptibles de servir à l'enluminure ; il est entendu qu'on préférera les tons les moins foncés s'il s'agit d'enluminer du papier où se trouvent des lettres ou des signes de couleur noire. L'ensemble des 20 tons d'une même couleur s'appelle *gamme*.

On voit comment, avec les six gammes de couleurs du spectre, on peut obtenir 36 teintes différentes propres à l'enluminure.

103. Allons plus loin ; que l'on prenne dans mon premier cercle chromatique, entre les six couleurs

que j'ai nommées précédemment (101), les six suivantes : le *rouge-orangé*, l'*orangé-jaune*, le *jaune-vert*, le *vert-bleu*, le *bleu-violet* et le *violet-rouge*, on aura 36 teintes nouvelles à ajouter aux 36 premières ; total 72 teintes.

Qu'on ajoute à ces 72 teintes les 6 premiers tons impairs de la gamme du noir, et l'on aura 78 teintes.

Enfin, en prenant des gammes appartenant à mon cinquième cercle, où les couleurs du premier cercle se composent de 4/10 de noir et de 6/10 de couleur, on portera ainsi le nombre des teintes à $78 + 72 = 150$.

104. J'ai toujours été étonné que les géologues n'aient pas adopté des couleurs déterminées pour désigner les couches terrestres qu'ils distinguent les unes des autres, et les objections qu'on a faites à mon opinion sont loin de m'avoir convaincu de leur justesse (1). D'un autre côté, ayant toujours préféré me laisser aller à un travail indépendant plutôt que de perdre mon temps à tracer un programme, dont l'homme isolé doit toujours s'abstenir pour peu qu'il estime son repos et qu'il fuie l'utopie

____

(1) *De la loi du contraste simultané des couleurs*, page 552 (1839).

comme un ridicule, c'est dire que je me suis abstenu de présenter un tableau colorié tel que je le comprends : je me bornerai donc à énoncer quelques principes dont l'application aux cartes géologiques sera facile dès qu'on le voudra.

105. En montrant la possibilité de recourir à 150 teintes de mes cercles chromatiques pour distinguer une succession d'objets quelconques, je suis loin de conseiller toujours l'emploi de ce nombre de teintes, et surtout quand il s'agit de cartes géologiques ; car le moyen d'user utilement de la couleur pour satisfaire au *principe de la vision distincte des parties d'un même tout*, c'est de ne point vouloir le pousser à l'extrême, ainsi que cela résulterait de l'emploi d'un très-grand nombre de teintes diverses. Cette conclusion est conforme d'ailleurs avec le coloriage des cartes géologiques ; par exemple, les auteurs de la carte de France n'ont distingué par la couleur que 32 terrains spéciaux, et encore ont-ils attribué une même couleur à quatre terrains volcaniques, en en distinguant trois par des points de diverses couleurs et un par des lignes noires parallèles.

106. Sans prétendre prescrire un système de co-

loriage plutôt qu'un autre, j'en citerai un comme exemple :

Le *gris* représentera les *terrains contemporains,* c'est-à-dire ceux qui se forment journellement ;

Le *gris teinté de violet ou de rougeâtre,* les *terrains quaternaires ;*

Le *violet,* les *terrains tertiaires ;*

Le *bleu,* les *terrains secondaires ;*

Le *vert,* les *terrains primaires ;*

Le *jaune,* les *terrains cristallisés ;*

L'*orangé,* les *roches plutoniques intercalées ;*

Le *rouge* les *terrains volcaniques.*

107. Une fois les couleurs définitivement adoptées pour représenter les terrains, on a parlé de l'obligation où l'on serait de les changer, si l'on venait à reconnaître l'existence de terrains placés entre ceux que l'on connaissait. Je n'admets pas cette nécessité par la raison suivante :

Si l'on découvrait des terrains entre deux terrains dont les tons de couleur seraient, par exemple, 5 et 7, on placerait entre eux les terrains nouveaux, et on les en distinguerait par le chiffre 5, affecté des signes 5′, 5″, 5‴, 5⁗.

Si plus tard on découvrait entre le terrain 5, et le

terrain 5′ de nouveaux terrains, on les en distinguerait par le chiffre 5 avec les signes $5\frac{\prime}{2}$, $5\frac{\prime\prime}{2}$, $5\frac{\prime\prime\prime}{2}$, $5\frac{\prime\prime\prime\prime}{2}$.

Enfin je proposerais d'indiquer les terrains métamorphiques en plaçant sous le chiffre relatif au ton de la couleur une ligne ondée : ⌇⌇⌇⌇⌇⌇⌇

B. — Emploi des couleurs pour des choses qui se mêlent,
s'unissent, se confondent.

108. L'usage des couleurs, dans le cas où ne voulant point exprimer une succession ou une superposition, mais un mélange, une union, repose sur les faits suivants :

1° Le rouge et le jaune font de l'orangé ;

2° Le jaune et le bleu font du vert ;

3° Le rouge et le bleu font du violet :

4° Le rouge, le jaune et le bleu, en proportion convenable, ou, ce qui revient au même, toutes les couleurs mutuellement complémentaires matérielles, se neutralisent et font du brun ou du noir ;

5° Si le rouge, le jaune et le bleu, ou les couleurs complémentaires, ne sont pas en proportion convenable pour se neutraliser mutuellement, le résultat est du brun coloré par la couleur en excès à la neutralisation.

109. Que l'on veuille représenter par des couleurs des invasions de plusieurs peuples dans un même lieu, l'occupation permanente de ce lieu et la fusion finale en un seul peuple, on le pourra aisément en recourant à l'application du principe du mélange des couleurs.

CHAPITRE V.

EXPÉRIENCES PROPRES A MONTRER COMMENT NOUS SOMMES EXPOSÉS A L'ERREUR DANS LES JUGEMENTS CONCERNANT DES CHOSES QUE NOUS CROYONS *absolues*, TANDIS QU'ELLES SONT *relatives*.

———

110. Après m'être appliqué dans mes recherches chimiques à me rendre compte de la cause des erreurs que je pouvais commettre, j'ai imaginé des méthodes de contrôle qui, spéciales à l'origine, m'ont conduit à en formuler les résultats sous la dénomination de *méthode* A POSTERIORI *expérimentale*. Ce sont surtout de nombreuses expériences sur la vision des couleurs qui m'ont fait apprécier l'utilité de son application à l'étude des phénomènes qui se lient de la manière la plus intime avec la psychologie.

111. Depuis 1839 que les expériences dont je parle ont été publiées avec les conséquences nombreuses et variées que j'en ai déduites, j'ai pu juger par plus d'une publication récente que l'esprit qui a présidé à la composition du livre de la loi du *contraste simultané des couleurs* n'a guère été apprécié au quadruple point de vue de la science expérimentale, de la méthode générale, de la psychologie et de l'esthétique même. Cet état de choses est un motif pour me faire insister sur l'application que l'on peut faire à des adultes et à des gens du monde de quelques-uns des principes auxquels la vision des couleurs est assujettie.

112. Quand on sait combien sont fréquentes les erreurs commises dans le monde aussi bien que dans la science, parce qu'il arrive trop souvent que nous portons des jugements erronés sur des choses que nous croyons absolues lorsqu'en réalité elles sont relatives, je n'hésite pas à recourir à une expérience très-simple pour mettre la vérité hors de doute près de ceux qui cherchent à éviter de porter des jugements erronés.

Expérience.

113. On a huit découpures d'un papier gris absolument identiques ; on les place séparément sur des fonds différents de couleur, à savoir sur des papiers blanc, noir, rouge, orangé, jaune, vert, bleu et violet.

D'après la loi du *contraste simultané des couleurs*,

1° Le gris sur fond *blanc* est d'un *ton plus élevé* que sur tout autre ;

2° Le gris sur fond *noir* l'est *moins* que sur tout autre ;

3° Le gris sur fond *rouge* paraît *verdâtre ;*

4° Le gris sur fond *orangé* paraît *bleuâtre ;*

5° Le gris sur fond *jaune* paraît *violâtre ;*

6° Le gris sur fond *vert* paraît *rougeâtre ;*

7° Le gris sur fond *bleu* paraît *orangeâtre ;*

8° Le gris sur fond *violet* paraît *jaunâtre* ou plutôt *verdâtre.*

Maintenant la loi du *contraste simultané des couleurs*, que j'ai formulée dès 1828 (1), explique la dif-

(1) Mémoire lu à l'Académie des sciences, le 7 d'avril 1828.

férence du ton du gris placé sur le *blanc* et le *noir*, aussi bien que la différence apparente des *teintes grises* placées sur des *fonds de couleur.*

114. En effet, conformément à cette loi, le *blanc* rehausse le *ton* des couleurs, tandis que le *noir* l'abaisse, et le *gris* juxtaposé à une couleur paraît teint de la couleur complémentaire du fond.

Pourquoi le gris est-il propre à rendre sensible l'effet du contraste simultané?

C'est que la teinte complémentaire de la couleur servant de fond au gris étant très-faible, n'est pas visible quand les surfaces réfléchissent trop de lumière blanche ou quand elles n'en réfléchissent pas assez. Or le gris, qui est placé entre le blanc et le noir, réfléchit la quantité de lumière blanche convenable pour que la sensation de la teinte complémentaire de la couleur du fond soit perçue.

115. Que doit faire le maître après avoir démontré par l'expérience que les huit dessins gris placés sur huit fonds différents sont identiques malgré l'apparence?

Faire remarquer que si l'apparence est vraie, le jugement qui explique la différence d'apparence par la différence intrinsèque du gris ne l'est pas, parce que, limité au gris, il est *absolu :* tandis que, après avoir démontré par l'expérience l'identité des huit gris et expliqué la différence par la loi *du contraste simultané,* on fait remarquer que la vérité réside non plus dans la considération du phénomène envisagé au point de vue ABSOLU, mais dans celle où il l'est au point de vue RELATIF, en tenant compte de la complémentaire *de la couleur du fond* s'ajoutant au gris.

La conséquence est donc que, avant de donner la cause d'un phénomène, il faut passer en revue toutes les circonstances où se fait l'observation, car en négligeant d'en prendre une en considération, on pourra s'exposer à l'erreur.

116. Une expérience aussi frappante qu'elle est peu dispendieuse et, en outre, facile à faire pour le maître d'une école d'adultes, ne présente-t-elle pas un enseignement des plus utiles en démontrant aux yeux l'erreur de tant de nos jugements qui, au lieu d'être *absolus,* devraient être *relatifs* pour être vrais? Que le maître ait quelque intelligence, et il trouvera *dix* exemples à citer contre *un* à ses auditeurs, pour leur démontrer que, dans la vie ordinaire, ils sont sans cesse exposés à l'erreur si, avant d'arrêter leur opinion sur un *fait,* ils ne cherchent pas préalablement s'il est *relatif* et non *absolu.*

11.

SECTION DEUXIÈME.

APPLICATIONS RELATIVES A DES FAITS SOCIAUX.

CHAPITRE PREMIER.

CONSIDÉRATIONS GÉNÉRALES SERVANT D'INTRODUCTION.

---

117. Les propositions que je viens d'exposer ont assez de certitude dans leur généralité pour leur valoir le titre de *principes* propres à donner la cause de *faits* ou de simples *rapports sociaux* qui n'ont jamais été suffisamment expliqués, sans doute parce que la continuité de leur manifestation les a dérobés à notre attention, fort différents en cela de phénomènes ordinaires du monde extérieur qui, loin de passer inaperçus, nous frappent vivement en agissant sur quelques-uns de nos sens, tels que la vue ou l'ouïe.

118. Que l'on considère l'ensemble des idées exposées dans cet ouvrage au point de vue le plus élevé, et l'on verra que l'*erreur la plus fréquemment commise dans les recherches du domaine des sciences naturelles a été en définitive de prendre la partie pour le tout.* Or, rien ne met mieux en évidence l'origine de cette erreur que l'aspect sous lequel j'ai présenté la marche de l'esprit humain dans la recherche de la vérité du ressort de ces sciences, comprenant l'étude des êtres concrets.

119. Effectivement, dans les recherches des vérités du ressort des sciences naturelles pures, l'esprit humain procédant du *concret à l'abstrait* et *revenant de l'abstrait au concret*, le but que j'ai attribué à ces sciences étant la connaissance de toutes les propriétés du concret qu'elles étudient, et ce but jusqu'ici n'ayant été atteint pour quoi que ce soit, on est autorisé à conclure qu'aucune de nos connaissances relatives au concret n'est parfaite et que tous ceux qui auront étudié et dont la probité égalera le savoir seront exposés à répondre : « *Je ne sais pas,* » à beaucoup de questions qu'on leur fera ; mais si, au lieu de cette réserve d'une science réfléchie et consciencieuse, celui qui, par aveuglement de son propre savoir ou par un autre motif, a la prétention de *répondre à tout,* il compromet bien souvent la véritable science ; et aujourd'hui le public incapable qu'il est d'apprécier le degré de certitude où chaque science est parvenue, a-t-il tort après avoir été si fréquemment induit en erreur par des réponses qu'il a reçues d'un savoir imparfait ou téméraire, quand on entend cette phrase sortir de sa bouche : « La *théorie* dit *oui* et la *pratique* dit *non,* » ce qui signifie : la *science* se trompe, mais non pas la *pratique ?* Le public, dis-je, a-t-il tort ? Je ne le pense point.

120. Mais si *prendre la partie pour le tout* arrive souvent dans la science, est-ce à dire que hors de son domaine, dans la société cette erreur n'est pas commise ? Loin de là ; elle l'est fréquemment, non-seulement par le public ignorant, mais par le monde lettré même, et si je ne le pensais pas, ces lignes que j'écris n'auraient pas raison de l'être.

121. La définition du *fait* dans les sciences, vraie aussi dans toutes les branches du savoir humain,

conduit à conclure que les *faits* tels que je les ai définis sont, *en toutes choses,* les *éléments des connaissances humaines sans distinction;* conclusion parfaitement conforme aux paroles du grammairien, quand il définit le *substantif abstrait,* une *propriété,* une *qualité,* un *attribut* commun à des êtres concrets divers (76), et qu'il comprend dans sa définition les *qualités morales* du domaine de l'humanité. Des définitions émanées d'une méthode qui, ayant eu la chimie pour point de départ, s'est étendue aux sciences naturelles, venant enfin à s'accorder avec celles de la grammaire et de l'histoire morale de l'homme, montrent par cet accord même comment une expression générale, la définition du mot *fait,* embrasse à la fois *les abstractions des corps inorganiques* et les *abstractions des corps vivants,* y compris celles de l'ordre moral qui sont l'apanage exclusif d'un être libre en possession de la conscience de ses actes.

122. Mais si l'histoire de l'homme présente plus de choses abstraites que l'histoire d'aucun autre être, toutes ces choses abstraites sont ramenées au concret de la manière la plus intime, soit à l'individu isolé, soit à l'individu associé; et à cet égard, dans l'application de la méthode naturelle à la classification des

êtres vivants, on ne trouve pas un ordre d'abstractions aussi nombreuses ni aussi variées que celui que
nous offre l'ordre d'abstractions du ressort des qualités morales, et rien de ce que j'ai dit de l'application de la méthode naturelle à la classification des
êtres vivants ne présente des abstractions aussi nombreuses et aussi variées que les abstractions dont se
compose l'histoire du moral de l'homme. Cette distinction faite, occupons-uns des analogies que présentent des faits sociaux comparés avec l'ensemble
des faits précédents.

CHAPITRE II.

DE LA DIFFICULTÉ D'APPLIQUER AU CONCRET LES CARAC-TÈRES DISTINCTIFS DE LA MÉTHODE NATURELLE ET LES ARTICLES D'UNE LOI.

123. Il existe un grand nombre de cas qui, régis par la méthode naturelle ou par les articles de la loi, sembleraient dans la pratique devoir ne présenter aucune difficulté, soit qu'il s'agisse d'appliquer la première à la classification d'une plante ou d'un animal que l'on ne connaît pas, soit qu'il s'agisse dans un procès civil d'appliquer les articles de la loi aux parties intéressées dans un procès civil.

124. J'ai parlé avec assez de détails de la méthode naturelle (40 à 55) pour mettre en évidences les difficultés qu'elle peut présenter dans son application, et dès lors j'ai l'espoir qu'en reprenant ce sujet, il me sera facile de montrer au lecteur les difficultés que présente l'application des articles de la loi dans les procès civils.

En revenant ainsi sur les difficultés de la méthode naturelle j'ai le même motif que j'ai exposé (85), pour revenir sur le mot *fait*. Ces répétitions sont donc refléchies, parce que, avant tout, je veux que mes idées soient comprises telles qu'elles sont, et que mon intention est d'être bien compris.

ARTICLE I.

Difficulté que présente l'application de la méthode naturelle.

125. J'ai donné une attention particulière à la *méthode naturelle*, comme le type d'un système de classification le mieux raisonné en principe, pour classer un très-grand nombre d'êtres concrets analogues, avec l'intention expresse de les distinguer entre eux en les groupant d'après leur plus grande ressemblance mutuelle.

126. Nous avons vu que pour atteindre ce but, elle avait réuni en genres les espèces douées du plus de ressemblance mutuelle, et qu'en cela elle avait reconnu que dès l'origine de la science botanique, cette règle avait été observée pour la formation des genres (38, 42).

Je rappelle que la *méthode* dite *naturelle* fut explicitement appliquée à la botanique avant de l'avoir été à la zoologie, et qu'elle ne s'est guère élevée au-dessus du groupe des familles de plantes (38).

Évidemment *les caractères des familles et des genres*, attributs communs à un grand nombre d'espèces, sont des *abstractions*, et en parlant rigoureusement il en est de même encore des *caractères spécifiques*, de sorte que, pour les plantes comme pour les animaux, le *concret* n'existe que dans les *individus*.

127. Insistons sur ce fait; l'esprit humain trop faible pour embrasser l'ensemble des attributs d'aucun être qu'il veut connaître d'après un motif quelconque, trop faible encore pour connaître tous ces attributs en les étudiant chacun en détail et successivement, a forcément recours à des classifications; or, à partir du groupe *espèce*, formé de tous les êtres d'une même origine (35), il se voit obligé de recourir à la *classification* qu'il a élevée à la dignité de science ! Mais, en résumé, la certitude manque, dans l'ignorance où nous sommes, et de l'importance réelle d'attributs abstraits que nous choisissons comme caractères, et de l'existence même d'attributs qu'il importerait de connaître pour bien classer les individus auxquels ils appartiennent.

128. La certitude exigerait, pour que la *méthode naturelle* fût parfaite dans l'association des êtres vivants, que l'*expression caractéristique d'un groupe* (l'abstrait) comprît des êtres possédant tous *ce caractère*, et que parmi eux il n'existât aucun être qui serait doué d'un attribut susceptible d'établir quelque jour avec d'autres êtres plus de similitude qu'il n'en a avec les êtres auxquels, dès l'origine, la méthode l'a associé.

Mais ne connaissant pas *tous* les attributs d'aucun être vivant, cette certitude manque et, dès lors, nous sommes exposés à l'erreur (42). Rappelons les deux circonstances dans lesquelles la méthode naturelle peut être en défaut.

1re *circonstance.*

Lorsque le naturaliste, disposant de toutes les espèces qu'il veut classer, néglige de prendre en considération un attribut important, ou que, n'en prévoyant pas l'absence, la pensée ne lui vient pas de le rechercher avec les moyens dont il dispose, moyens qui lui permettraient d'arriver à ce but.

Cette circonstance est absolument la faute du savant et non de la science.

2e *circonstance.*

La connaissance d'un attribut important manque au naturaliste, soit que cet attribut appartienne à des espèces encore ignorées, soit, ce qui reviendrait au même, qu'appartenant à des espèces connues, l'état de la science ne lui permit pas d'en soupçonner l'importance, ou bien que, la soupçonnant, les moyens d'observer et d'expérimenter dont il dispose ne lui permissent pas de le reconnaître.

En tous ces cas, le naturaliste n'est passible d'aucun reproche aux yeux de la science.

ARTICLE II.

*Difficulté que présente l'application de la loi
dans les procès civils.*

129. Ce défaut de correspondance parfaite entre l'expression de *l'abstrait* avec *le concret*, représentant l'individu, n'existe-t-il pas dans des *faits sociaux?*

12.

N'est-il pas un grand nombre de cas où un défaut de correspondance se fait sentir entre des *expressions abstraites* relatives à des *êtres concrets*, de sorte qu'il arrive, comme dans l'application de la méthode naturelle, des circonstances où des discussions s'élèvent par suite du désaccord? En répondant affirmativement, je cite comme exemple une difficulté analogue dans l'application faite aux individus d'une société des articles d'une loi et même d'un simple règlement.

130. Q'est-ce qu'une loi? Qu'est-ce qu'un règlement?

Les articles qui les composent sont autant d'*expressions générales, d'expressions abstraites, d'abstractions.*

Quelle est la conséquence de la généralité dans l'expression des articles?

C'est de comprendre implicitement tous les *cas particuliers* que ces articles doivent régir.

Quels sont ces *cas particuliers* régis par ces articles?

Des *personnes intéressées*, dont chacune est un *être concret* doué de la faculté de raisonner.

131. Que l'on réfléchisse maintenant aux *procès*

civils (1), qui ne sont en définitive que des applications *d'expressions abstraites*, les articles de loi, à des intérêts essentiellement liés à des *êtres concrets*, et l'on s'expliquera le rôle des avocats représentant les parties, le rôle du ministère public et le rôle des magistrats prononçant au nom de la justice.

Le talent de chaque avocat consiste à montrer comment tels articles de la loi s'appliquent ou ne s'appliquent pas à la partie qu'il défend, en s'appuyant de raisons déduites de circonstances personnelles à l'individualité de son client.

Le ministère public, après avoir entendu les plaidoyers, les raisons alléguées pour et contre, émet une *opinion impartiale* relativement aux parties qui sont en cause.

Enfin, le devoir des juges est l'examen approfondi du pour et du contre à l'égard des parties intéressées, et l'application de la loi en montrant comment elle intervient dans chacune des parties du jugement.

(1) Je ne parle pas des procès criminels, où il s'agit de constater si des prévenus ont commis le crime dont on les accuse, puis s'ils l'ont commis avec préméditation ou discernement. (Voir *Lettres de M. Chevreul à M. Villemain :* lettre sur le Jury, page 144 (1856).

100. Dès lors se présente fréquemment la même difficulté que dans la *méthode naturelle,* quand il s'agit de l'application d'*attributs caractéristiques abstraits* à des êtres qui ont beaucoup d'attributs parmi lesquels il pourra s'en trouver d'absolument discordants à l'égard des *attributs caractéristiques*, choisis en premier lieu; mais reconnaissons que, dans l'application de la loi, il n'existe pas *d'éléments inconnus* comme il en existe dans l'application de la méthode naturelle; la difficulté pour des juges est l'appréciation des circonstances personnelles de chacune des parties, relativement aux articles de la loi.

On peut donc conclure que *tous les éléments* du jugement à prononcer sont à la disposition des magistrats, tandis que, dans les applications des caractères de la méthode naturelle à la classification des espèces, il peut y avoir des *éléments qu'il faudrait connaître* pour que la classification des espèces fût exacte.

132. Certes, si quelque chose peut motiver les difficultés d'appliquer la loi avec équité en prononçant entre des intérêts opposés, c'est sans doute ce soin du LÉGISLATEUR, fort de la volonté de faire valoir chacune des circonstances relatives aux parties susceptibles d'éclairer l'esprit des juges, d'abord en lui faisant entendre tout ce que l'avocat peut dire en faveur de son client et contre sa partie adverse, puis l'opinion d'un magistrat impartial donnant ses conclusions.

133. Les deux exemples que je viens de citer, pris dans la science et dans l'application des lois, suffisent pour montrer d'abord la différence existant entre des *généralités*, des *abstractions* d'une part et d'une autre part des *êtres concrets* considérés chacun comme un ensemble *d'abstractions ou d'attributs*, et ensuite la difficulté de prononcer sur les rapports des premiers avec les seconds, conformément à la *vérité* pour ce qui est du ressort de la *science* et conformément à la *justice* pour ce qui est du ressort de la *loi*.

CHAPITRE III.

------

134. Maintenant, conformément à l'esprit qui m'a dicté cet ouvrage, je vais examiner l'origine d'opinions fréquemment reproduites dans la conversation, dont l'intime liaison avec la manière dont j'ai présenté *l'étude du concret et de l'abstrait* est incontestable comme on va le voir :

Des personnes appartenant au public lettré et savant même expriment quelquefois leur étonnement de certains jugements émanés de personnes qui se sont adonnées exclusivement aux mathématiques pures ; elles vont même jusqu'à prétendre que l'étude de ces sciences rend l'esprit faux, allégation contre laquelle je proteste avec force, tout en reconnaissant cependant la cause à laquelle on doit l'attribuer.

En fait de propriétés de la matière, la grandeur n'est-elle pas celle, ou une de celles, qui frappe avant toute autre? Or, les mathématiques se proposant de la connaître, soit qu'elles la considèrent à l'état de continuité ou à celui de discontinuité, n'offrent-elles pas l'étude la plus générale, la plus étendue et la plus variée au point de vue de *l'abstrait?* Dès lors, est-il étonnant que parmi ceux qui s'y livrent d'une manière absolue, on en trouve qui, forts de l'opinion à laquelle ils doivent la foi d'une certitude qu'aucune autre science ne peut donner, les mathématiques leur semblent si élevées au-dessus du reste des connaissances humaines qu'ils dédaignent l'étude de ces dernières et particulièrement de celles qui concernent le *concret*, et que dans cette disposition d'esprit, ils parlent avec assurance d'objets qu'ils n'ont jamais étudiés, surtout devant des personnes qu'ils savent étrangères aux mathématiques, oubliant alors les paroles du poëte *que pour savoir une chose, il faut l'avoir apprise.*

La conséquence n'est-elle pas que bien des propositions aventurées, *excentriques,* si cette expression m'est permise, peuvent être avancées dans la conversation relativement à la connaissance du *concret,* où déjà la réflexion, l'étude même ne préservent pas des fautes, des mécomptes auxquels nous expose le manque de connaître tous les attributs d'un être concret quelconque, et nous expose ainsi fréquemment à commettre *l'erreur de prendre la partie pour le tout.*

135. Dans une foule de circonstances variées de la vie ordinaire se manifeste une opinion commune généralement vraie, mais quelquefois erronée lorsqu'il s'agit encore de sujets où *l'abstrait* et *le concret* ont des parts plus ou moins différentes dans les jugements qu'on en porte.

J'ai dit plus haut qu'il *est des cas* où le public a raison de donner tort *à la théorie* et *raison à la pratique,* proposition signifiant aussi que l'erreur peut être de son côté (119, 120).

Il a raison quand il s'agit d'appliquer au *concret* une pratique au nom d'une *prétendue théorie, pure hypothèse,* dépourvue qu'elle a été d'un contrôle préalable prescrit par la *méthode* A POSTERIORI *expérimentale.*

Il a tort en soutenant une *pratique* sinon vicieuse, du moins ne présentant pas les avantages d'une innovation prescrite par une science parlant au nom de cette même méthode.

136. Personne plus que moi n'estime *l'invention, le génie* en toute chose, et pourtant n'est moins surpris du résultat que peut avoir cette faculté de l'esprit dans l'application d'une idée, d'une abstraction au *concret,* but des efforts de l'inventeur.

Je citerai un exemple pris dans la pratique de la médecine.

Eu égard à la multiplicité des notions qu'il faut prendre en considération dans la prescription raisonnée d'un traitement thérapeutique, je supposerai deux cas différents.

Le *premier* est celui d'une affection ressortissant de maladies dont un médecin, éminent par l'observation, par l'invention et si l'on veut même le génie, s'est occupé d'une manière spéciale; à mon sens, ce médecin doit être appelé de préférence à tout autre.

Le *second cas,* rentrant dans les maladies ordinaires, me semble devoir être envisagé autrement.

Un médecin, habile praticien, n'adoptant les idées nouvelles qu'après un examen réfléchi, me semble donner plus de garanties qu'aucun autre, surtout s'il connaît le malade depuis longtemps ainsi que ses ascendants, car tout le monde sait l'influence de l'hérédité sur la santé des enfants; il m'inspirera plus de confiance que tout autre, ne doutant pas que, grâce à sa longue pratique, il ne fermera jamais les yeux sur des symptômes qu'un médecin plus éminent, plus inventeur, pourrait négliger ou méconnaître, disposé qu'il serait à faire rentrer la maladie pour laquelle il est appelé dans son système d'études. J'ajouterai encore que le praticien tel que je me le représente, pour peu qu'il eût quelque doute sur le traitement à suivre, serait le premier à provoquer une consultation.

Cet exemple rentre évidemment dans le cas que j'ai cité où le public est fondé à dire que la *pratique* est préférable à la théorie (119).

137. Dans les jugements que nous portons, le *moi* exerce une grande influence; car le mode dont nous apprécions, dont nous jugeons est en nous, et l'on peut dire où la *mesure* manque, l'appréciation fait défaut, soit du bien soit du mal; car, franchement un cœur honnête prévoit-il les actions honteuses,

perverses, criminelles; il y croit quand elles ont été accomplies. Le proverbe *qui se ressemble s'assemble* est parfait de vérité.

138. Les mêmes considérations expliquent clairement les déceptions que l'on éprouve dans la prescription des remèdes.

Car la plupart de ceux qui les prescrivent ne les connaissent que par la *vertu*, c'est-à-dire *l'attribut* d'après lequel on sait leur aptitude respective à combattre une affection qui se manifeste par un ou plusieurs *symptômes*, c'est-à-dire par un ou plusieurs *phénomènes*, une ou plusieurs *abstractions*; or le *remède* et le *malade* sont deux *êtres concrets*, doués chacun d'un ensemble d'attributs que nous ne connaissons qu'incomplétement, et les attributs que nous connaissons ne le sont qu'imparfaitement. Dès lors, n'arrive-t-il pas qu'un remède agisse par d'autres propriétés que la *vertu* qui l'a fait prescrire, et que le malade ait une affection différente de celle qu'on a conclue d'après l'observation du *symptôme*, ou, si elle n'est pas différente, que cette affection soit modifiée du moins par un attribut dont le médecin n'a pas tenu compte?

139. J'ai toujours été frappé de la justesse des jugements portés par les camarades d'une école, d'une institution, en tant qu'il s'agit des qualités morales tenant au caractère, des qualités intellectuelles qui se révèlent à l'extérieur par la mémoire, la facilité d'élocution, la réponse rapide aux questions d'un examen, la facilité d'apprendre; mais pour juger des facultés de l'esprit qui n'apparaissent que par des découvertes quelconques, en un mot, lorsqu'il s'agit de l'invention dans la science et même encore de ces qualités spéciales brillant dans des circonstances graves, inattendues, sur le champ de bataille, par exemple, alors que de grandes qualités se montrent, n'arrive-t-il pas que les plus étonnés sont souvent les camarades qui ne les avaient jamais prévues?

140. Enfin une trop grande variété d'études données à de jeunes esprits dans un temps insuffisant à l'assimilation des notions enseignées n'étouffe-t-elle pas plus d'une vocation, plus d'une disposition à l'originalité, qui, sans être supérieure, se fût pourtant assez développée pour se faire remarquer dans des conditions plus favorables à la manifestation de sa nature spéciale.

———

13.

TROISIÈME PARTIE.

APPLICATIONS FINALES A L'ENSEIGNEMENT CONSIDÉRÉ AU POINT DE VUE LE PLUS GÉNÉRAL,

INTRODUCTION.

141. Pour peu qu'on ait prêté quelque attention aux idées que j'ai exposées dans les deux parties précédentes de l'ouvrage et compris l'influence qu'elles peuvent exercer sur le mode de la transmission de la science du maître à l'élève, n'aurait-on pas lieu de s'étonner que je m'abstinsse de formuler les conséquences qu'elles auront sans doute tôt ou tard dans l'enseignement ?

Si la société est intéressée à l'instruction des individus qui la composent, n'est-ce pas un devoir pour toute personne participant à la donner, soit indirectement comme administrateur et inspecteur, soit directement comme professeur, de limiter l'enseignement élémentaire et tout enseignement dont le but est un examen de capacité, à ce qui possède le caractère du *vrai* au jugement de personnes susceptibles d'apprécier les objets dont ces enseignements se composent.

Il faut laisser à un enseignement tout à fait supérieur la liberté de traiter, non des sujets quelconques, mais des connaissances spéculatives qui prêtent à des discussions utiles en s'adressant à des esprits suffisamment préparés pour en bien comprendre les avantages et les inconvénients.

C'est, pénétré de la pensée de l'avantage du *vrai* en toutes choses, que je me suis appliqué à le chercher comme étudiant, investigateur, et professeur, sans qu'aucun motif étranger à ce but de mes efforts tel que désir de faire triompher une hypothèse quelconque à l'exclusion d'une autre, esprit de parti, ambition, intérêt personnel m'en ait détourné : c'est fort de ma conscience de n'avoir jamais perdu la vue de ce but, ni cessé de marcher dans la voie la plus directe pour l'atteindre, que je vais sans crainte et sans hésitation consacrer cette troisième partie *aux applications finales à l'enseignement des vues exposées dans les deux premières parties de l'ouvrage.*

En disant sans crainte et sans hésitation, c'est avec la pensée de présenter dans le chapitre suivant un exposé rapide des faits d'ordres divers qui, à mon sens, montrent avec le plus de clarté l'esprit d'après lequel des recherches fort différentes par les objets qu'elles concernent ont été entreprises, et comment, fruits d'une méthode unique, la *méthode à* POSTERIORI *expérimentale*, l'ouvrage que je soumets aujourd'hui au public est l'expression de leur coordination.

Le chapitre dont je parle est une œuvre de conscience destinée à montrer comment cette méthode, émanée de mes travaux chimiques, a été le guide de mes études psychologiques sur une classe particulière de mouvements musculaires, de mes expériences sur les corps qui affectent les organes du toucher, du goût et de l'odorat, de mes recherches sur la vision des couleurs, enfin comment leur résultante m'a conduit à envisager l'*espèce* dans les êtres vivants, et l'histoire des connaissances chimiques.

Mais ce chapitre ne s'adresse point aux lecteurs qui sont peu familiarisés avec les détails des sciences naturelles; aussi les priai-je de ne pas le lire et de passer au chapitre II intitulé de la *distinction de deux ordres d'enseignements*; en les y engageant, qu'ils ne me prêtent pas la pensée de tenir peu à leur suffrage; car rien ne me flatterait plus que l'approbation donnée à la généralisation de la *méthode à* POSTE-RIORI *expérimentale* par des hommes qui, n'ayant pas consacré leur temps à l'étude des sciences naturelles, ont médité sur des sujets pris en dehors des sciences chimiques.

CHAPITRE PREMIER.

142. Je répartis les recherches de cette revue dans quatre groupes généraux sous les titres suivants :

    1er GROUPE. Recherches chimiques.

    2e GROUPE. Recherches chimiques-physiologiques.

    3e GROUPE. Recherches physiques-physiologiques sur la vision des couleurs.

    4e GROUPE. Recherches psychologiques sur une classe particulière de mouvements musculaires.

PREMIER GROUPE.

RECHERCHES CHIMIQUES.

---

§ 1. Observations relatives à l'exécution de manipulations et à l'emploi des réactifs qui intéressent la chimie de recherche.

143. En parlant de manipulations je ne veux pas exposer un système de procédés manuels dont le but serait de frapper vivement la curiosité de personnes du monde qui auraient été réunies dans un salon ou un amphithéâtre avec l'intention de les rendre témoins des phénomènes les plus brillants des actions chimiques. Je ne veux que rappeler des moyens très-simples de faire des essais précis pour rechercher certains corps dans les composés organiques, de reconnaître la pureté de certains réactifs, et prescrire la manière de procéder à certaines incinérations afin de prévenir de fâcheuses erreurs. J'ai mis en pratique les procédés que j'indique dès mon entrée dans la carrière expérimentale.

14

ARTICLE PREMIER.

Réactifs colorés.

144. Les réactifs colorés propres à signaler la présence des acides et des bases dans des matières soumises à l'examen chimique, ou si ce sont des espèces chimiques pures, propres à en reconnaître l'acidité ou l'alcalinité, sont employés à l'état de solution aqueuse ou appliqués sur des papiers qui doivent avoir été préalablement purifiés au moyen de l'acide chlorhydrique afin de les dépouiller de toute matière alcalino-terreuse et ferrugineuse.

Les solutions ne doivent pas être mêlées à l'état de concentration avec les matières qu'on soumet à l'essai.

Rien de plus sensible pour dénoter l'acide ou l'alcali qu'un décilitre d'eau distillée dans lequel on a fait macérer un copeau de bois de Campêche. La solution, d'un jaune légèrement orangé, devient jaune par un acide et d'un violet rouge ou bleu par une base.

La brésiline, la couleur des violettes peuvent être employées avec succès.

Dire pourquoi les acides faibles jaunissent l'hématine et les concentrés la rougissent, et pourquoi les alcalis la bleuissent, cela est impossible.

La teinture bleue de tournesol devient rouge par les acides. Pourquoi?

C'est que l'acide enlève à la matière rouge du tournesol un alcali qui la bleuit, ainsi qu'on peut le démontrer avec l'acide stéarique ou margarique; d'où la conséquence qu'un corps qui rougit le tournesol est un corps qui s'unit aux alcalis, et qui s'y unit plus fortement que la matière rouge du tournesol.

L'action du tournesol bleu sur les acides s'explique donc, tandis qu'on n'explique pas, comme je l'ai dit, pourquoi l'hématine devient jaune par les acides faibles ou étendus d'eau, rouge par les acides énergiques concentrés, et bleu-violet par les bases.

Ajoutons qu'en employant avec le tournesol un acide soluble dans l'eau et doué de quelque énergie, s'il est employé en excès, cet excès peut modifier la couleur rouge propre au tournesol, en s'y combinant, et manifester une couleur rouge plus ou moins orangée.

ARTICLE 2.

Altérabilité du verre par l'eau et altérabilité du verre-
cristal par les réactifs alcalins.

145. Dès 1811, je montrai les inconvénients de l'emploi des vaisseaux de verre quand on recherche la présence des alcalis, potasse ou soude, dans des produits quelconques. La décomposition, du moins de certains verres, a lieu à froid, et à plus forte raison à 100 degrés ; aussi m'a-t-il été impossible de me procurer une eau distillée pure en opérant dans des vaisseaux de verre. La conséquence de ces faits est l'usage des vaisseaux de métal ou de porcelaine parfaitement cuite lorsqu'il s'agit de rechercher la potasse et la soude.

146. Le verre blanc avec lequel on fabrique les flacons destinés à renfermer les produits chimiques des laboratoires, renferme de l'oxyde de plomb provenant du cristal (verre) qu'on ajoute généralement à la fonte. En 1844 je signalai que les eaux de chaux, de strontiane, de baryte, de soude, de potasse, en un mot les solutions aqueuses des réactifs alcalins contenus dans des flacons de cette sorte de verre

renfermaient de l'oxyde de plomb; dès lors j'insistai pour que les chimistes n'employassent désormais que des flacons de *verre vert* exempts de silicate de plomb, lorsqu'il s'agit de renfermer des réactifs alcalins, prescription qui intéresse autant la science pure que la médecine légale.

ARTICLE 3.

De l'usage de l'alcool et de l'éther dans l'analyse organique immédiate.

147. J'avais reconnu, dans mes recherches sur les corps gras, l'altérabilité de l'éther, qui depuis a été signalée par M. Regnault, et telle est la raison pour laquelle j'ai dû renoncer à l'employer dans de longues recherches, ce qui ne veut pas dire qu'il ne puisse l'être dans des recherches d'une faible durée.

148. Cependant je ferai remarquer qu'il présente un autre inconvénient que son altérabilité, c'est lorsqu'on veut soumettre à l'analyse élémentaire un principe immédiat qui a été obtenu par son intermédiaire. Je rappellerai à ce sujet la force avec laquelle l'acide tannique préparé par l'éther en retient une quantité notable.

14.

Du reste les corps gras eux-mêmes retiennent fortement l'alcool absolu dont on s'est servi pour les préparer, surtout les corps gras neutres qui sont difficilement cristallisables.

ARTICLE 4.

De l'usage de la potasse et de la soude, préparées à l'alcool, comme réactifs.

149. En 1839, je reconnus que l'on vendait dans les fabriques de produits chimiques, sous le nom de *potasse à l'alcool*, une potasse renfermant une quantité notable d'acide azotique. Des informations minutieuses m'apprirent qu'alors dans certaines fabriques, au lieu de traiter la potasse du commerce, ou ce qui vaut mieux celle du bitartrate de potasse calciné, par la chaux obtenue de la calcination des écailles d'huîtres, on se contentait de traiter par la chaux une potasse provenant de la calcination du bitartrate avec l'azotate de potasse. Si la présence de l'acide azotique est sans inconvénient lorsqu'on traite des pierres siliceuses par cet alcali, il en est tout autrement lorsqu'on se livre à des recherches où il ne doit y avoir que de la potasse hydratée en présence de la matière à laquelle le réactif alcalin est appliqué.

ARTICLE 5.

Essais en petit pour rechercher la présence de divers corps dans les matières organiques.

150. Dans les analyses organiques immédiates où il importe tant de ménager la quantité de produits qui ont été soumis déjà à des opérations multipliées, il faut savoir faire des essais dans de petits tubes de verre fermés à un bout, de 5 à 8 millimètres de diamètre.

Voici les corps dont on peut constater la présence en chauffant quelques centigrammes de la matière organique soumise à l'essai :

Au moyen d'un papier de tournesol bleu, si le produit volatil est acide ;

Avec le papier de tournesol rouge, s'il est alcalin.

Lorsque le produit est acide, en le chauffant et mettant un papier rouge dans la vapeur qui s'en dégage, on peut reconnaître la présence de l'ammoniaque, si dans la première distillation l'acide était en excès sur l'alcali.

Un papier imprégné de sous-acétate de plomb peut être employé pour reconnaître le soufre.

Enfin une mèche de quelques filaments de coton

plongée dans une solution ferrugineuse au minimum d'oxydation peut servir à constater la présence du cyanogène dans le produit quand celui-ci est ammoniacal; s'il ne l'était pas, il faudrait imprégner d'ammoniaque le coton passé au sel de protoxyde de fer et le plonger ensuite dans le tube. Après l'action on trempe la mèche dans de l'eau acidulée qui fait paraître du *bleu de Prusse*, si réellement le produit contenait du cyanogène.

ARTICLE 6.

De la recherche de la partie minérale des composés organiques par l'incinération.

151. Toutes les fois qu'on incinère des matières organiques, il faut éviter l'action sur les sels insolubles des matières alcalines provenant de la décomposition des sels de ces bases formés d'acides organiques, en prenant la précaution de *charbonner* légèrement la matière organique, puis de la traiter par l'eau et de faire évaporer celle-ci et calciner le résidu pour brûler la matière organique non incinérée que l'eau a dissoute; c'est ensuite le résidu lavé qui ne doit plus contenir, ou du moins que très-peu de sel soluble, qu'on incinère pour avoir la partie terreuse, sans

craindre que s'il y existait de l'acide phosphorique il eût été enlevé par de la potasse ou de la soude.

ARTICLE 7.

Reconnaître le gaz sulfhydrique dans un mélange gazeux où il ne se trouve que dans une faible proportion.

152. Le moyen est fort simple; il consiste à tenir plongé dans une atmosphère limitée du mélange gazeux, un papier de sous-acétate de plomb humide; celui-ci se colore après un quart d'heure pour peu qu'il y ait du gaz sulfuré.

C'est par ce procédé que j'ai constaté l'existence de l'acide sulfhydrique dans les gaz qui se dégagent des eaux du Pouhon, du Tonnelet, de la Sauvinière et du Groesbeck à Spa, et enfin dans celui qui se dégag de l'eau ferrugineuse de Baden-Baden (1830).

153. Toutes les fois que j'ai été libre dans mes travaux chimiques, ce n'est point une matière isolée que j'ai examinée, mais une série de matières présentant quelque analogie remarquable. En rappelant quelques-unes de ces séries, mon intention n'est pas de les résumer, mais d'insister sur quelques faits de *méthode* importants pour l'objet de cet ouvrage.

ARTICLE I.

Série de recherches sur les matières colorantes.

154. La première matière colorante que j'examinai fut l'indigo du commerce.

Un échantillon de Guatimala d'excellente qualité ne me donna que 47 d'indigotine pure.

Je reconnus que ce principe colorant est volatil et que la vapeur d'un violet rouge se condense en cristaux cuivrés ;

Qu'il est formé d'oxygène, d'azote, de carbone et d'hydrogène;

Qu'il se dissout dans l'acide sulfurique concentré

et que cette dissolution est la base de la teinture dite *bleue de Saxe.*

Je constatai que la solution bleue aqueuse est décolorée par le gaz sulfhydrique, ainsi que Vauquelin l'avait reconnu pour le sulfate d'indigo.

En un mot, je reconnus que tous les indigos du commerce doivent leurs propriétés caractéristiques à l'indigotine.

Enfin je démontrai que l'indigotine n'est **pas**, comme on le pensait encore à cette époque, le produit d'une *fermentation colorante*, qu'il existe dans le pastel et l'anil à l'état incolore.

155. Dans l'analyse immédiate de l'indigo, j'établis comme principe d'épuiser l'action des dissolvants employés sur la matière qui leur était soumise.

C'est alors que je reconnus que l'indigotine pure ne se dissout dans l'alcool qu'autant que ce liquide est bouillant et que la solution se décolore entièrement par le refroidissement, tandis que le contraire a lieu lorsque la résine rouge que contient l'indigo du commerce est dissoute dans l'alcool en même temps que l'indigotine.

156. Je suis parti de cette observation pour considérer comme dissolvant *mixte* tout dissolvant renfermant une *certaine* quantité d'un corps en solution,

toutes les fois que le liquide peut dissoudre en quantité notable un corps qui ne serait pas dissous par le dissolvant pur ou qui ne le serait qu'en extrême petite quantité. C'est principalement à l'analyse du *suint* de mouton par les dissolvants que j'ai fait l'application de ces vues qui, aujourd'hui, me paraissent parfaitement justifiées.

157. Après l'analyse de l'indigo, je fis celle des bois de Brésil et de Campêche : en observant la sensibilité de leurs principes colorants, la *brésiline* et l'*hématine*, au contact des acides et des bases, je sentis mieux que je ne l'aurais fait par le simple raisonnement la nécessité d'une propreté extrême dans les opérations chimiques, eu égard aux vases, au papier de filtration, et aux réactifs.

Quelques-unes de mes premières expériences, de 1807 à 1809, m'ayant paru laisser à désirer, je publiai comme rectification, en 1810 (5 de novembre) un nouvel examen du pastel, et en 1811 (26 d'août) une nouvelle analyse du bois de Campêche.

En examinant l'action des acides et des bases sur la brésiline et l'hématine, je reconnus :

1° Que l'acide borique agit sur l'hématine plutôt comme une base que comme un acide, tandis qu'il agit comme acide, " la brésiline;

2° Que le protoxyde d'étain agit comme une base sur l'hématine, la brésiline, le principe colorant de la cochenille;

3° Que le peroxyde du même métal agit au contraire sur les mêmes principes comme un acide.

ARTICLE 2.

Série de recherches sur les matières astringentes naturelles.

158. A l'époque où je commençai l'étude des matières astringentes, on admettait l'existence d'un principe unique nommé *tannin*, doué de la propriété de précipiter la gélatine. Si je payai un tribut à cette opinion dans mes premières recherches, je ne tardai point à reconnaître mon erreur, et dès lors je fus conduit à adopter l'opinion contraire, à savoir que la *propriété de précipiter la gélatine appartient à trop de corps différents pour qu'elle servît de caractère à une espèce unique*, et l'examen auquel je me livrai en 1809, des *substances tannantes*, que Hatchett considérait comme un *tannin artificiel*, confirma pleinement ma manière de voir (1).

(1) Voir trois mémoires dans les anciennes Annales de chimie, tomes 72 et 73.

ARTICLE 3.

Série de recherches sur les matières astringentes artificielles.

159. Trois motifs m'engagent à parler de cette série de mes recherches :

1° La diversité d'espèces chimiques douées de la propriété de précipiter la gélatine, et de là l'impossibilité de maintenir une *espèce chimique* de principe immédiat d'origine organique *caractérisée par cette même propriété;*

2° La concomitance remarquable de la propriété de s'unir aux matières animales, avec certaines propriétés organoleptiques telles que la saveur astringente, la saveur amère et la saveur douce ou sucrée;

3° La narration historique de faits relatifs à la découverte de la propriété détonante dans des composés obtenus par l'intermédiaire de l'acide azotique.

Premier motif.

160. L'*acide picrique* (amer de Welter) ne précipite pas la gélatine, mais il quitte l'eau pour s'unir à la laine et à la soie. Uni à une matière résineuse insoluble dans l'eau qui se produit en même temps que lui

dans la réaction de l'acide azotique sur l'indigo, il précipite fortement la gélatine.

Des *acides détonants* obtenus de l'extrait du bois de Brésil et de l'extrait d'aloès traités par l'acide azotique présentent des faits analogues, avec cette différence que les acides qui paraissaient purs précipitaient la gélatine sans la présence d'une matière étrangère.

On obtient par la réaction de l'acide azotique sur des houilles donnant 0,84 de coke, trois produits :

1° Une substance très-soluble dans l'eau, acide et astringente, contenant un oxacide d'azote.

2° Une substance acide et astringente moins soluble que la précédente, douée de la propriété de précipiter la gélatine.

3° Une substance acide insoluble dans l'eau, mais soluble dans l'eau de potasse, contenant un oxacide d'azote. C'est l'*oxide de charbon de Proust*.

161. En traitant le camphre par le double de son poids d'acide sulfurique, il se produit une *substance astringente* signalée par Hatchett comme *tannin artificiel*, mais elle diffère absolument des *tannins artificiels précédents*, en ce qu'elle ne contient pas d'oxacide d'azote, mais de l'acide sulfurique.

On obtient en même temps un composé noir insoluble dans l'eau, et susceptible de produire avec l'acide azotique une substance astringente tenant à la fois de l'acide sulfurique et un oxacide d'azote.

Deuxième motif.

162. La propriété de précipiter la gélatine dénote une grande affinité des corps qui la possèdent pour les matières azotées d'origine animale analogue à la fibrine, à la peau, à l'albumine.

Eh bien! tous les corps qui précipitent la gélatine ont une saveur astringente, quelle que soit la différence de leur nature, exemple :

Le chlore ;

Le bichlorure de mercure ;

Le chlorure d'iridium. (Vauquelin.)

Il existe un grand nombre de corps salins doués de la propriété de s'unir à ces mêmes matières animales, mais qui n'ont point la propriété de précipiter la gélatine ; ces corps ont tous une saveur astringente et sucrée, exemple :

Les sels d'alumine ;

— de glucine ;

— de plomb ;

— de protoxyde de fer.

Il existe un certain nombre de corps qui sont doués d'une affinité incontestable pour les matières

15.

animales et dont la saveur est à la fois astringente et amère.

Troisième motif.

163. Avant mes recherches sur les matières astringentes artificielles, on était loin de soupçonner l'existence des combinaisons intimes des acides minéraux avec des matières organiques qui sont complétement altérées par eux, et l'idée que l'on s'était formé du tannin était bien éloignée de la vérité.

On était certainement loin de soupçonner la présence d'un oxacide d'azote dans l'*amer de Welter*, l'acide picrique actuel, ainsi que dans le corps qui avait été pris pour de l'acide benzoïque, et, comme je le démontrai, qui en était tout à fait distinct. Je le désignai par la dénomination d'*amer au minimum*, voulant indiquer par cette nomenclature les relations suivantes avec l'*amer de Welter*, que j'appelai *amer au maximum*.

L'*amer au maximum* a une saveur d'une certaine amertume, l'*amer au minimum* en a une légèrement acide, amère et astringente.

Le premier détone, de manière qu'il faut le chauffer avec précaution, et encore lorsqu'il est libre, et en petite quantité, si l'on veut recueillir le produit de sa distillation.

Le second est bien moins détonant dans les mêmes circonstances ; son charbon ne fuse que légèrement.

Les différences sont analogues lorsqu'on agit sur les sels.

L'*amer au minimum*, chauffé avec l'acide azotique, est converti en *amer au maximum*.

164. La propriété détonante de l'*amer de Welter* avait été connue de ce chimiste ; mais loin de penser qu'elle est essentielle à sa nature spécifique, il l'avait attribuée à son mélange avec de l'azotate de potasse, parce que, disait-il, *en évaporant une solution d'azotate de potasse mêlée d'amer il avait obtenu un résidu fulminant*.

Tel a été mon point de départ relativement à l'examen de la composition chimique de l'*amer*.

165. Il me reste à exposer comment j'ai appliqué la *Méthode a* POSTERIORI *expérimentale* à cet examen et comment j'ai démontré que la conclusion déduite par Welter de son expérience n'était pas fondée.

Après avoir reconnu dans l'*amer* une acidité très-énergique, et montré que ses composés salins sont plus ou moins détonants, je démontrai qu'il était assez énergique pour expulser l'acide azotique de la potasse lorsqu'on fait évaporer une solution d'amer mêlée d'azotate de potasse; mais non satisfait de ce résultat, je fis intervenir la *méthode* en répétant l'expérience, non plus avec de l'*azotate de potasse*, mais avec du *chlorure de potassium*. Le résultat fut de la matière détonante, c'est-à-dire du *picrate de potasse*.

166. Je ne m'en tins pas là : en réfléchissant à la propriété détonante de l'amer (acide picrique), je ne pus m'en rendre compte, ainsi que de l'augmentation de l'intensité de cette propriété par l'influence des bases fixes, qu'en considérant l'acide azotique comme un de ses principes immédiats, l'autre principe étant un combustible à base de carbone et d'hydrogène. Cette manière de voir, sans devenir la certitude, acquit une extrême probabilité, lorsque j'eus reconnu l'*acide azotique* et le *deutoxyde d'azote* dans le produit gazeux de la détonation de l'amer recueilli sur le mercure.

167. La propriété détonante de l'amer me fit penser que la matière décrite par Proust, sous le nom d'*oxyde de charbon*, obtenu de houilles traitées par l'acide azotique, et doué aussi de la propriété détonante, mais à un faible degré, comme je le di-

rai, était un composé d'acide azotique analogue à l'amer. *Conformément à la méthode*, après avoir lavé cette matière naturellement acide, je la mis en digestion avec une solution de carbonate de potasse; de l'acide carbonique se dégagea et elle fut dissoute. Je la précipitai en neutralisant l'alcali par l'acide sulfurique; je lavai le prétendu *oxyde de charbon* avec de l'eau jusqu'à ce que celle-ci ne précipitât plus le baryte en sulfate. La potasse du carbonate n'avait point enlevé d'acide azotique, et cependant le prétendu *oxyde de charbon* chauffé détona faiblement en donnant de l'acide carbonique, du *deutoxyde d'azote*, etc., et un charbon exhalant l'odeur prussique; il était donc bien un composé d'acide azotique, car la détonation étant lente on ne pouvait attribuer la formation du deutoxyde d'azote à une compression du gaz oxygène.

168. La manière dont j'ai envisagé l'acide azotique, à l'égard de l'*amer de Welter*, de l'*amer au minimum* (corps qui avant moi, comme je l'ai dit (163), avait été pris pour de l'acide benzoïque), ainsi qu'à l'égard du prétendu *oxyde de charbon*, etc., etc., fut combattue vingt ans après que je l'eusse émise. M. Liebig, dans deux Mémoires, prétendit que l'amer de Welter ne contenait que de l'oxygène, de l'azote et du car-

bone, sans cau d'hydratation ; aussi l'appela-t-il acide carbazotique. Quelques années après, son élève, le docteur Buff, prétendit que mon *amer au minimum* ne renfermait pas d'acide azotique ; il l'appela *acide indigotique*, nom fort impropre qu'il a conservé longtemps.

169. En ajoutant quelques détails historiques à ce qui précède, qu'on ne me prête pas l'idée d'obéir à quelque sentiment d'amour-propre. Je la donne avec l'espoir de jeter quelque jour sur l'histoire des travaux de l'esprit humain, car, tôt ou tard, on la fera, non pas avec des hypothèses, mais en la composant avec des faits réels empruntés aux histoires des sciences spéciales.

170. En 1832, Berzelius admit, surtout d'après des expériences de Wohler, l'existence de l'acide azotique dans l'amer au maximum ; aussi l'appela-t-il *acide nitropicrique*. Il ne s'expliqua point sur la nature de l'acide indigotique mon *amer au minimum* (163), mais il l'appela *nitranilique*.

En 1836, M. Dumas examina l'indigo et un grand nombre de ses dérivés. Il termina son Mémoire en disant : *Je demeure convaincu qu'il entre dans la constitution de l'acide picrique un* ACIDE D'AZOTE.

Si l'on ajoute qu'à partir de 1835 les idées qui se

formulèrent dans la loi des substitutions modifièrent les opinions de beaucoup de chimistes, on s'explique comment M. Liebig, en 1842, décrivit *l'amer de Welter*, non plus sous le nom d'*acide carbazotique*, mais sous celui d'*acide nitropicrique*. Il sembla donc bien renoncer à la composition qu'il avait attribuée à *l'acide carbazotique*. — Il ne dit rien quant à la présence d'un oxyde ou d'un oxacide d'azote dans l'acide indigotique, qu'il appela *anilique*, d'après Berzelius. Il n'est pas sans intérêt pour l'histoire de la science qu'après ses deux Mémoires contre ma manière d'envisager l'amer, et les deux Mémoires de son élève, le docteur Buff, sur l'acide indigotique, M. Liebig n'ait pas fait un retour sur le passé, relativement à ma manière d'envisager la composition de l'amer qu'il avait si fort combattu en 1829.

Gerhardt, en 1854, adopta les compositions suivantes:

Acide picrique. . . . . $^2O^{14}C\ ^6H\ ^3(^4O^2Az)$.

Acide indigotique. . . $^6O^{14}C\ ^{10}H\ (^4O^2Az)+2HH$.

Voilà donc enfin mon opinion complétement justifiée après quarante-cinq ans, mais mon nom n'est pas cité.

171. Continuons, je n'ai pas achevé l'histoire relative

à la manière dont je m'étais expliqué la détonation des composés salins des *amers obtenus de l'indigo.*

En 1818, Vauquelin fit connaître l'existence d'un oxacyde de cyanogène; mais cet acide ne fut complétement défini que par Wohler, qui le représenta par un atome d'oxygène et deux atomes de cyanogène. On l'appelle *acide cyaneux.*

Sérullas fit connaître un acide qu'on nomma *cyanique*, et qu'on reconnut plus tard être identique à *l'acide pyro-urique*, que Scheele avait obtenu de la distillation de l'acide urique. On admit que cet acide est représenté par trois atomes d'acide cyaneux, c'est-à-dire trois atomes d'oxygène et six atomes de cyanogène.

172. M. Liebig se livra à un long travail sur l'acide des fulminates obtenus, comme on le sait, en ajoutant avec précaution de l'alcool à des dissolutions azotiques de mercure et d'argent: les fulminates se précipitent par le refroidissement. Personne n'ignore aujourd'hui que les amorces fulminantes se composent de *fulminate de mercure.*

Quelle est la composition de l'acide fulminique? Elle est le double en atomes de l'acide cyaneux, c'est-à-dire de deux d'oxygène et de quatre de cyanogène, selon M. Liebig.

173. Je le demande, comment admettre, sans réflexion, sans commentaire, qu'un oxacide de cyanogène, intermédiaire entre l'acide *cyaneux* et l'acide *cyanique*, qui est, non pas *détonant*, mais FULMINANT ! tandis que les deux extrêmes, l'acide *cyaneux* et l'acide *cyanique* ne le sont nullement. Que devient alors l'*idée* qu'on se fait si communément *du milieu* en toutes choses, le calme, le repos, en opposition avec l'*idée* qu'on se fait de l'exagération des *extrêmes ?* Or, certes, il faudrait bien des raisons pour admettre de tels faits comme incontestables. Aujourd'hui elles ne sont plus nécessaires.

Gerhardt soupçonna l'existence d'un oxacide d'azote dans l'acide fulminique. Le lieutenant d'artillerie russe, Chichkoff, dans un travail expérimental, chercha à en démontrer l'existence. M. Kekulé admet l'existence de l'acide hypoazotique, et M. Chichkoff, dans un travail récent, représente l'acide fulminique, ainsi :

$$C^2 \, (Az \, O^2)^2 \, H^4 \, (CAz)^2 \quad (1).$$

174. Je termine par ce simple résumé :

(1) Il admet les poids suivants :
Hydrogène, 1.   Azote,   14.
Oxygène, 16.   Carbone, 12.

16

1° Je fais connaître, en 1809, la présence d'un oxacide d'azote dans l'amer de Welter, l'acide picrique. Je dis pourquoi je ne puis comprendre la détonation de ce corps et de ses composés salins sans y admettre l'existence de l'acide azotique. Je fais connaître un grand nombre de picrates.

2° Je fais connaître comme espèce chimique l'acide qu'on a nommé depuis *indigotique, anilique, nitranilique, nitro-salicylique*. Je le décris à l'état de pureté. Je fais connaître ses composés salins. J'en assimile la composition au précédent.

3° Je montre que les *amers* obtenus du bois de Brésil et de l'aloès donnent, comme l'amer de Welter, dans leur décomposition, des produits nitreux.

4° Je fais connaître la présence d'un oxacide d'azote dans le tannin artificiel de Hatchett, obtenu de la houille.

5° Je démontre la présence du même oxacide dans l'oxyde de charbon de Proust.

6° Je démontre la présence de l'acide sulfurique dans les composés provenant de la réaction de cet acide avec le camphre.

Plus de vingt ans après ces travaux, M. Liebig combat la présence de l'hydrogène et d'un oxacide d'azote dans l'*amer de Welter*, et son élève, le docteur |Buff, compose deux Mémoires pour prouver que je me suis trompé sur la composition de l'*amer au minimum*, l'*acide indigotique.*

L'exactitude de mes vues sur la composition des amers et des matières astringentes artificielles, sont justifiées. Plus de cinquante ans après, on admet l'existence d'un nombre considérable de composés qualifiés de *nitrés;* on découvre la nitroglycérine; conduit par les mêmes faits, que j'ai exposés en 1809, on admet l'existence d'un oxacide d'azote dans l'acide fulminique, — et le nom du jeune savant de 1809 n'a été prononcé par personne dans l'histoire de ces travaux! Heureusement il est encore là en 1869 pour les rappeler!

ARTICLE 4.

Recherches sur les matières grasses.

175. Je serai bref dans ce que je dirai de ces recherches parce que peut-être sont-elles moins inconnues du public que les précédentes.

L'observation que je fis de cristaux de margarate de potasse dans un savon mou, employé avec succès dans le département de la Seine-Inférieure (1809) au foulage des draps, a été le point de départ de ces recherches, et tout fortuit qu'il fut, il était le plus favorable qui pût se présenter à des travaux dont le but devait être de réduire la matière soumise à l'expérience en *espèces chimiques* (9) définies par leurs propriétés. Car en commençant mon travail par l'examen de corps qui avaient subi l'action des alcalis, ils étaient par là même moins complexes que les principes immédiats neutres constituant les suifs, les graisses, les beurres, les huiles des êtres vivants d'où ils provenaient. Dès que j'eus reconnu que les corps gras saponifiés étaient de véritables acides, il me fut démontré qu'en les unissant à des bases, il me serait plus facile d'isoler les acides à l'état salin par les dissolvants que les principes immédiats neutres dans leur état naturel, par la raison que ceux-ci à cause de leur analogie de composition et de propriétés, ne pouvaient être isolés par des dissolvants neutres, tels que l'alcool, que par la différence de leur solubilité respective, différence que je savais déjà être faible.

176. En commençant mon travail par l'analyse des corps gras saponifiés, les acides margarique, stéarique, oléique, phocénique, butyrique, caproïque, caprique et hircique, il me fut plus facile d'arriver à des résultats précis que si j'eusse commencé par vouloir isoler la margarine, la stéarine, l'oléine, la phocénine, la butyrine, la caproïne, la caprine et

l'hircine. Le travail était bien simplifié, lorsque, avant d'aborder l'analyse de ces principes neutres, on savait que tous donnaient par la saponification de la glycérine et chacun un acide spécial qui caractérise l'espèce neutre.

177. Une fois ce résultat obtenu, il était aisé de montrer l'erreur commise par Fourcroy, lorsqu'il avait confondu sous un nom unique *adipocire*, le *gras des cadavres* du cimetière des Innocents, le blanc de baleine et la matière cristallisable des calculs biliaires. Grâce aux précédentes recherches, il me fut facile de distinguer ces trois matières les unes des autres. Le blanc de baleine que je nommai *cétine* et la matière cristallisable des calculs biliaires que je nommai *cholestérine*, sont neutres; la première se fond à 48 et donne par la saponification des acides margarique et oléique, et de plus l'éthal. La cholestérine, fusible à 137°, n'est pas saponifiable; enfin le gras des cadavres provenant de la graisse humaine est acide et essentiellement formé d'acides margarique et oléique. Aussi peut-on l'unir à la potasse et l'en séparer sans qu'il ait perdu de son poids et sans qu'il ait éprouvé de changement dans sa fusibilité.

178. La découverte d'acides gras absolument fixes

à la température de l'eau bouillante et incapables de s'y dissoudre, leur solubilité dans l'alcool et l'éther et la solubilité de la potasse et de la soude dans l'eau et l'alcool, me permirent de faire des études tout à fait nouvelles sur l'action des dissolvants. Je montrai, par exemple, comment, avec des dissolvants différents, on parvenait à réduire un sel défini à ses principes immédiats.

179. L'insolubilité dans l'eau des acides stéarique et margarique me permit de montrer comment un acide peut rougir le tournesol sans agir sur la matière rouge de ce réactif (144).

180. Je montrai, heureusement pour l'analyse organique immédiate, que l'alcool et l'éther appliqués à des matières azotées, telles que la fibrine, l'albumine, les tendons, etc. en séparaient des matières grasses préexistantes à leur contact, de sorte qu'il n'était point exact d'admettre la formation de ces matières grasses par les réactifs ainsi que l'avaient prétendu Berzelius et Gmelin.

181. Je me trouvai bien d'observer le principe prescrit par la méthode telle que je la concevais, de ne me livrer à l'analyse élémentaire des principes immédiats qu'après avoir acquis la conviction de les

avoir obtenus parfaitement purs, ou aussi voisins de l'état de pureté que faire se pouvait. J'ajouterai que si mes analyses élémentaires ont été jugées exactes, c'est grâce au soin que j'avais apporté à leur exécution. Ainsi une expérience *faite à blanc* me donna la mesure des erreurs que je pouvais commettre.

182. La conséquence des *compositions définies* que j'assignai à des espèces d'origine organique que les êtres vivants présentent à l'état de mélange ou de combinaison indéfinie mit en évidence que je m'étais prononcé avec raison contre l'opposition que Berzelius avait élevée en 1819 dans la 1ʳᵉ édition de son *Essai sur la théorie des proportions chimiques*, entre les composés de la nature minérale qu'il disait être essentiellement définis dans la proportion de leurs éléments et les composés de la nature organique qu'il prétendait ne pas l'être.

183. C'est encore conformément à l'esprit de la méthode que je ne me pressai pas d'émettre une opinion définitive sur la manière dont on peut se représenter la composition immédiate des matières grasses que j'avais examinées. Je ne le fis qu'après avoir fait l'analyse élémentaire de leurs principes immédiats obtenus dans un état parfaitement défini de pureté, et c'est alors que je me prononçai pour l'opinion qui aujourd'hui est, je crois, universellement adoptée.

C'est que dans les principes immédiats qui sont réductibles en *acide gras* et *glycérine*, ces deux espèces chimiques sont unies à l'état anhydre, et que dans la cétine l'acide margarique et l'acide oléique sont unis à un carbure d'hydrogène qui par la saponification fixe de l'eau pour constituer l'*éthal*.

Cette manière de voir établissait les plus grandes analogies entre les *corps gras saponifiables* et les *éthers*.

184. Je ne puis finir ce résumé sans faire remarquer que mon opinion sur la nature des corps gras saponifiables ainsi envisagée reposait sur l'*observation* suivante.

C'est la grande probabilité que dans une matière chimique complexe qui donne sous l'influence de réactifs différents, et sous l'influence de forces physiques diverses, les mêmes espèces chimiques, ces espèces préexistent dans la matière complexe qui a été modifiée.

Le travail que je viens de résumer me conduisit à deux sujets assez généraux pour que je les traite séparément sous la dénomination de

§ 3. Méthode des lavages successifs.

§ 4. Compositions équivalentes.

185. Existe-t-il une méthode précise de reconnaître si une matière soluble dans des liquides doit être considérée comme une espèce chimique pure?

Je réponds : Cette méthode existe, c'est *celle des lavages successifs*, au moyen de laquelle, de 1815 à 1818, je suis parvenu à séparer d'une manière absolue quatre espèces de sels provenant de la neutralisation par l'eau de baryte du produit de la distillation du liquide aqueux obtenu de savon de beurre décomposé par l'acide tartrique ou phosphorique.

Ces quatre sels, dont jusque-là les acides étaient inconnus, comme les sels mêmes, étaient le butyrate, le caproate, le caprate de baryte, et un sel double formé de butyrates de baryte et de chaux. Cette dernière base provenait de la réaction du sous-carbonate de chaux des filtres sur une portion de butyrate de baryte.

186. Supposons que pour dissoudre complétement un poids A des sels de baryte, il fallût 100 parties d'eau. On traitait A successivement par l'eau, en en

employant 10 parties chaque fois, puis on faisait évaporer les 10 lavages, séparément bien entendu.

Si la matière A eût été une espèce chimique pure, on aurait eu 10 solutions qui auraient donné la même espèce de cristaux.

Mais ce ne fut pas le résultat du produit renfermant les acides volatiles du beurre neutralisé par la baryte. On obtint des lavages bien différents.

On réunit les résidus qui semblaient avoir les mêmes propriétés, et en les soumettant à la même méthode on finit par obtenir les 4 espèces de cristaux précités.

Le problème résolu par cette méthode fut compliqué du fait suivant, c'est que le caproate de baryte cristallise en lames au-dessous de 25° et en aiguilles au-dessus.

187. La moindre réflexion suffit pour montrer la généralité de cette méthode reposant sur la grande probabilité que des sels mélangés, ou plus généralement des matières mélangées d'origine quelconque, entièrement solubles dans l'eau, se déferont sous l'influence du dissolvant employé conformément à la méthode que je viens de rappeler, et si un mélange ne se défaisait pas par un liquide employé en premier, il y a bien des probabilités qu'il

se déferait avec d'autres. Ou encore si le mélange se composait de sels, on pourrait changer la base si le problème concernait la séparation d'acides, ou changer l'acide s'il s'agissait de séparer des bases unies ou mélangées.   .

188. La *méthode des lavages successifs* est parfaitement applicable à la question de savoir si un corps simple a été obtenu à l'état de pureté.

Si ce corps est susceptible de former un *acide* en s'unissant avec quelque matière, on unira cet acide à un alcali soluble et on soumettra le sel aux lavages successifs.

Si ce corps forme une *base*, c'est celle-ci qu'on unira à un acide susceptible de former un sel soluble que l'on soumettra ensuite aux lavages successifs.

Il est évident que l'on aura d'autant plus de probabilité pour admettre que le corps simple a été obtenu à l'état de pureté, qu'on aura soumis ses combinaisons à un plus grand nombre d'essais.

189. Afin de mettre le lecteur à même d'apprécier l'importance que j'attribue aux *compositions équivalentes*, rappelons que tout résultat d'expérience consigné dans mes *Recherches sur les corps gras d'origine animale* est, non la *moyenne* d'un nombre plus ou moins grand d'expériences analogues, mais l'expression vraie d'une expérience faite avec l'intention de la rapprocher autant que le sujet le comporte d'une *expérience normale ou parfaite*.

Comme on le verra dans le paragraphe suivant (§ 5 concernant l'*espèce chimique*) dès mes premières études, je ne dis pas de chimie, mais de minéralogie, l'idée de l'espèce exactement définie me parût la base de la science; dès lors ayant admis que la propriété de l'espèce dans les corps composés dépendait de trois ordres de considérations : la *nature des éléments*, *leur proportion* et *leur arrangement*, je n'ai jamais perdu de vue la nécessité de réunir toutes les lumières possibles pour arriver à la connaissance de cet arrangement, et en reconnaissant que ce troisième ordre de considération est le plus difficile, parce qu'il peut prêter beaucoup à l'hypothèse, il me sembla que la meilleure marche à suivre dans la science était de travailler sans cesse à le présenter comme un but plus ou moins éloigné, et que dès lors les *compositions équivalentes* des principes immédiats organiques données avec fidélité, étaient la meilleure manière de préparer la venue d'une science plus avancée que la science actuelle.

190. Je montrai donc tous les avantages qu'il y avait à énoncer les *compositions équivalentes* d'une espèce chimique complexe quelconque, compositions qui, en définitive, présentent autant d'*équations* diverses que l'on peut concevoir d'arrangements moléculaires divers d'une composition élémentaire dont les éléments sont donnés en nom et en proportion.

Exemple :

$$
\begin{array}{lll}
\text{Stéarine} & = \text{acide stéarique} & + \text{glycérine} \\
\text{Margarine} & = \text{acide margarique} & + \text{glycérine} \\
\text{Oléine} & = \text{acide oléique} & + \text{glycérine}
\end{array} \right\} \text{anhydre.}
$$

$$
\text{Cétine} = \left\{ \begin{array}{l} \text{acide margarique} \\ \text{acide oléique} \end{array} \right\} + \text{carbure d'hydrogène.}
$$

Équations que vous pouvez multiplier en exprimant chacun des composés en composés binaires de la nature inorganique.

Au point de vue critique, au point de vue du *con-*

trôle, caractère de *la méthode* A POSTERIORI *expéri-mentale*, les *compositions équivalentes* présentent un moyen aussi simple que précis de contrôler une analyse. Je cite un seul exemple.

Les éléments de l'acide stéarique anhydre et ceux de la glycérine anhydre, pris proportionnellement aux quantités d'acide stéarique et de glycérine anhydres obtenues de 100 parties de stéarine, doivent représenter cette composition, si la stéarine est réellement formée d'acide stéarique et de glycérine anhydres.

Je n'en dirai donc pas davantage.

§ 5. Définition de l'espèce chimique.

191. Après avoir dit que toutes nos notions de la composition chimique de l'*espèce composée* rentrent dans des considérations de trois ordres :

La nature des éléments,

Leur proportion,

Leur arrangement;

Après avoir insisté sur l'*importance* de l'*arrangement* et montré comment, sans sortir du domaine des faits, il est possible, au moyen des *compositions équivalentes*, de mettre cette importance en relief et d'accélérer le moment où il serait possible de prononcer sur l'arrangement des molécules ou des atomes pour la composition d'une *espèce chimique* donnée, j'ai insisté sur le grand avantage de ces compositions au point de vue critique, le contrôle de l'exactitude d'une *analyse élémentaire*.

Je vais compléter l'exposé de mes idées sur l'importance de l'*arrangement* des *éléments* en les présentant, autant que possible, dans l'ordre chronologique.

192. Mon point de départ a été la distinction, au point de vue cristallographique, du *spath d'Islande* et de l'*arragonite*.

Une circonstance dont je vais parler me donna l'occasion de reconnaître entre la *pyrite jaune de fer* (bisulfure de fer jaune) et la *pyrite blanche de fer* (bisulfure de fer blanc) une différence analogue à celle qui distinguait le *spath d'Islande* de l'*arragonite*. La distinction cristallographique des deux pyrites était faite par Haüy, et l'identité de leur composition chimique (sauf l'arrangement des éléments) résultait de mes recherches.

Mais la difficulté pour que ces résultats passassent dans la science tenait à cette circonstance que Haüy avait été conduit par l'étude des cristaux des deux pyrites à considérer le *mispickel* comme l'identique de la *pyrite blanche*, résultat que je ne pouvais admettre pour deux raisons : l'identité des éléments des deux pyrites unis en même proportion que j'avais reconnue, et la différence de composition entre la pyrite blanche et le mispickel.

En effet, l'analyse de ce minéral, que je publiai avec l'assentiment de Haüy, lui assignait la composition définie équivalente à *protosulfure de fer* $+$ *arsenic,* composition qui fut confirmée par Stromeyer qui la présenta sous la forme de *bisulfure de fer* + *ar-séniure de fer* (1).

193. En 1815, je disais dans un supplément aux *Éléments de physiologie végétale et de botanique* de Mirbel (tome Ier, page 459) : « Pour étudier et décrire « les principes immédiats, il faut en faire autant d'es-« pèces que l'on en rencontre qui diffèrent les uns « des autres; et *l'analyse de ces principes prouve que* « *leurs espèces doivent être distinguées par leurs* PRO-« PRIÉTÉS *plutôt que par leur composition*, car la *gomme* « *arabique* contient, suivant MM. Gay-Lussac et Thé-« nard, *la même proportion de carbone d'hydrogène et* « *d'oxygène* que le *sucre de canne.....* »

Plus tard, Gay-Lussac reconnut l'identité de composition et de proportion entre les éléments de l'acide acétique et du ligneux.

(1) Voir la preuve de ce que j'avance, 30e volume des *Annales des Mines*, p. 251, dans une note sur le *fer sulfuré blanc*, portant le nom de Laurent-Pierre de Jussieu, aide-naturaliste-adjoint au Muséum d'histoire naturelle. Cette note rédigée par Haüy du moins quant au fond prouve ce que j'avance. Haüy ne reconnut la différence du *mispikel* d'avec la *pyrite blanche* que deux ans après que je lui eusse communiqué mes analyses. J'ajouterai que je fus fort étonné lorsqu'en 1813, H. Davy étant à Paris, me félicita de ce travail dont il avait appris, en Angleterre, toutes les circonstances.

Toujours préoccupé de l'importance de l'*arrange-ment des eléments* dans les combinaisons, je deman-dai, dans une note imprimée au *Bulletin de la Société philomatique*, si la coloration des solutions aqueuses des chlorures métalliques, quand elle était identique à la couleur des sels à base d'oxyde des mêmes métaux, n'était pas, sinon une preuve, du moins une analogie qui rendait probable la transfor-mation de ces chlorures en *chlorhydrates d'oxyde*, lorsqu'ils étaient dissous par l'eau; dans tous les cas, je m'élevais contre la proposition de considérer toutes les solutions de chlorures métalliques comme de *purs chlorures;* et pour justifier mon opinion, je disais qu'en versant du *proto-chlorure d'antimoine* dans l'eau, il se produisait un précipité de *poudre d'Algaroth* dans lequel il y avait certainement beau-coup d'oxyde, et qu'on ne pouvait se refuser à con-sidérer ce même précipité redissous par une nou-velle addition d'eau comme une solution de *chlor-hydrate d'oxyde* ou comme un *chlorhydrate de chlor-oxyde d'antimoine.*

Cette explication est conforme à la manière dont j'ai considéré la solution d'azotate de bismuth dans un excès d'eau, ajouté à la petite quantité de ce liquide qui avait réduit l'azotate neutre en *eau* + *acide azotique* et en *précipité de sous-azotate de bismuth,* solution qui pour renfermer tout l'acide et toute la base de l'azotate neutre, ne représente pourtant pas de l'*azotate neutre*, mais bien de l'*eau aiguisée d'acide azotique tenant en solution du sous-azotate de bismuth* (1).

194. Enfin après avoir montré que deux poids égaux d'albumine liquide, dont l'un a été coagulé par la chaleur, évaporé dans le vide sec, donne un résidu égal en poids à celui de l'albumine séchée dans le vide sans avoir été coagulée, et que cependant l'albumine coagulée est insoluble dans l'eau, tandis que l'autre y est soluble, j'ai *considéré les deux albumines comme différant par l'arrangement de leurs molécules.*

J'ai montré la même différence entre le *tendon sec* et le *tendon réduit en gélatine* par l'eau bouillante.

J'avais donc signalé depuis longtemps le *phénomène expérimental* qu'on a appelé longtemps après mes observations *isomérisme*, c'est-à-dire le fait que présentent des *corps qui, formés des mêmes éléments unis en mêmes proportions, diffèrent plus ou moins les uns des autres par leurs propriétés.*

(1) *Dictionnaire des sciences naturelles,* tome 3, page **110** du Supplément (1816).

195. La chimie est la science la plus complexe de toutes celles qui ressortissent de la philosophie naturelle, si on en excepte les sciences relatives aux êtres vivants.

La chimie seule réduit la matière en *espèces*, types définis :

(*a*) Par leur composition chimique . . . .

- éléments.
- proportion.
- arrangement.

(*b*) Par l'ensemble de leurs propriétés. . . . .

- physiques.
- chimiques.
- organoleptiques.

La chimie étudie les *espèces* dans des circonstances fort diverses.

Avant tout, à l'état où elles n'éprouvent aucun changement; c'est la forme, la densité, la couleur, etc.

Lorsqu'elles changent d'*état* relativement à la cohésion de leurs molécules. En effet la plupart peuvent exister sans altération, à l'état solide, à l'état liquide, à l'état de vapeur ou de gaz.

Lorsqu'en s'unissant entre elles, elles forment des espèces complexes.

Enfin, si elles sont composées, lorsqu'elles éprouvent des changements, qu'elles se simplifient, et la simplification peut aller jusqu'à la réduction des composés en leurs éléments.

196. Faisons remarquer que depuis les modifications qu'une espèce chimique éprouve dans l'état de cohésion de ses molécules, jusqu'à l'état extrême où l'espèce composée se réduit en ses éléments, il y a là une série de faits relatifs à des changements que ne présente pas l'étude des espèces vivantes, aussi le mot *individu* donné aux êtres qui représentent chacune de ces espèces, exprime bien une condition de permanence de nature que ne présente pas l'étude des espèces chimiques, non-seulement lorsqu'elles se décomposent, mais encore lorsqu'elles se combinent avec d'autres.

197. Que remarque-t-on dans l'action chimique ?

Lorsqu'elle a le plus de vivacité c'est la manifestation de la *chaleur*, de la *lumière*, de l'*électricité*, du *magnétisme*, en d'autres termes, la manifestation des causes les plus énergiques de la nature que nous connaissions pour modifier les propriétés de la matière.

Qu'y a-t-il d'étonnant dans cette manifestation?

C'est que les phénomènes passagers qui, se manifestent pendant que l'action chimique s'accomplit, et qu'on dirait n'en être que les *effets*, vont eux-mêmes devenir *causes* d'effets chimiques en agissant sur la matière prise dans son état ordinaire.

Il y a donc, dans ces résultats de l'observation, quelque chose de bien difficile à comprendre par notre faible raison, relativement à ce qui est *cause* et *effet*.

198. Rappelons maintenant qu'en 1717 Newton, après avoir ramené la mécanique céleste aux lois de la pesanteur, eut l'heureuse idée d'attribuer à une force attractive agissant au contact apparent, l'*adhérence* des particules homogènes en *agrégats* solides et liquides, et la *combinaison d'espèces diverses* en une matière parfaitement homogène; la force attractive produisant le premier effet s'appelle *cohésion*, et produisant le second, *affinité*.

199. Newton considérait la lumière comme un corps

impondérable, tandis que Hooker et Euler la consi-
déraient comme l'effet du simple mouvement ondu-
latoire d'un fluide très-mobile appelé *éther*.

Non-seulement les savants anglais et français pré-
férèrent, dans le courant du xviiie siècle, l'opinion
de Newton sur la lumièreà l'opinion contraire, mais
ils considérèrent la chaleur, l'électricité et le magnétisme aussi bien que la lumière, comme des
fluides impondérables d'une extrême ténuité. Au
commencement du siècle, Young en Angleterre, et
quelques années plus tard, Fresnel en France, pro-
fessèrent l'existence de l'*éther* ; et depuis une tren-
taine d'années, non-seulement on s'est prononcé en
faveur de cet agent, mais on a rejeté l'existence des
corps impondérables nommés *acalorique*, *fluide électrique* et *fluide magnétique;* et si aujourd'hui on attribue à l'éther les phénomènes de la *lumière* et
ceux encore de la *chaleur*, de l'*électricité* et du *magnétisme*, il est un certain nombre de savants qui
rejettent non-seulement les *corps impondérables* que
je viens de nommer, mais l'*éther* même, et pour
lesquels les phénomènes *électriques* et *magnétiques*
aussi bien que ceux de la *chaleur* et de la *lumière*
sont dus aux seuls mouvements vibratoires des
corps pondérables. Si ces hypothèses présentent des
difficultés lors même qu'on ne s'occupe que des

phénomènes relatifs à la *chaleur*, à la *lumière*, à l'*électricité* et au *magnétisme*, au point de vue où le géomètre et le physicien les envisagent, ils en présentent de bien plus grandes lorsqu'on veut les appliquer à l'explication des *phénomènes chimiques*, parce qu'alors, comme je l'ai dit précédemment, les difficultés sont extrêmes. C'est ce qui m'a décidé à employer un langage exempt d'hypothèses dans l'interprétation des phénomènes chimiques; et dès 1818, à l'article *corps impondérables* (1). j'ai dit que sans préjuger la nature de la chaleur, de la lumière, de l'électricité et du magnétisme, je me bornerais à considérer les causes de ces phénomènes comme de *simples agents,* ou plutôt encore comme de *simples forces*; en conséquence j'ai distingué les causes qui prennent part aux actions moléculaires des espèces chimiques en trois groupes :

1. *Forces chimiques :*
   Cohésion.
   Affinité.
2. *Forces physiques :*
   Chaleur.
   Lumière.

(1) *Dictionnaire des sciences naturelles,* tome 10, page 547.

Électricité.

Magnétisme.

3. *Forces mécaniques* :

De division.

De coercition.

De pesanteur.

———

§ 7. **Distinction** de l'analyse minérale d'avec l'analyse organique
immédiate et de quelques applications.

———

ARTICLE PREMIER.

Distinction des deux analyses.

200. Existe-t-il une différence réelle entre l'*analyse
minérale* et l'*analyse organique* qualifiée d'*immédiate?*
Oui.

Parce que le but de celle-ci est d'isoler les *principes immédiats* qui constituent les plantes et les animaux sans en altérer les propriétés. Or la première
condition pour atteindre ce but est de ne recourir
qu'à des réactifs et à des forces physiques incapables d'altérer les propriétés des corps qu'il s'agit de
séparer.

L'analyse minérale au contraire est hors de cette
condition. Les réactifs les plus puissants, les forces
physiques les plus énergiques capables de rompre

18.

l'affinité des corps que l'on veut séparer, peuvent intervenir sans inconvénient, parce que les éléments des composés analysés, une fois connus, on peut remonter au mode de combinaison qu'ils formaient avant l'analyse.

201. Cette différence bien comprise entre les deux analyses, je vais m'occuper exclusivement de l'analyse organique immédiate en l'envisageant telle qu'elle était dans le premier quart de ce siècle où l'on se préoccupait plus qu'aujourd'hui des objections à faire aux procédés de l'analyse organique relativement à l'altération des principes immédiats qu'il s'agissait d'isoler.

202. Aujourd'hui que la chimie organique est fort répandue, on ne se préoccupe donc plus guère de la question de savoir si des matières séparées de corps vivants par des *réactifs*, ont éprouvé quelque altération de la part de ces réactifs; mais autrefois les savants qui ne cultivaient pas la chimie et qui, à un titre quelconque, se trouvaient intéressés à la connaissance de la chimie organique, traitaient sérieusement et fort longuement ce sujet.

Ainsi, lorsque Biot eut appliqué la *polarisation circulaire* à la recherche des principes immédiats

dans les produits de l'organisation et à leur distinction, il insista beaucoup sur le fait qu'un rayon de
lumière passant dans une solution liquide était incapable de changer l'équilibre des molécules et que
dès lors il donnait un moyen bien supérieur aux
procédés chimiques pour connaître la nature des
produits de l'organisation. C'était surtout dans la
conversation que le célèbre physicien se plaisait à
frapper d'anathème l'analyse chimique organique.
Or, pour le dire en passant, je ne puis accepter en
principe que dans aucun cas le rayon lumineux sera
impuissant à changer la position de molécules chimiques qu'il frappera.

Si Biot énonçait cette opinion en 1832, on doit
penser qu'en 1814 il n'était pas inutile de faire
comprendre la possibilité de déterminer la composition immédiate des êtres vivants par des procédés chimiques incapables d'altérer les corps qu'on
séparait de ces êtres.

203. Le *principe* que je mis en avant, fut :

De déterminer, avant l'analyse, les propriétés qu'on
pouvait reconnaître dans la matière organique, telles
que la couleur, l'odeur, la saveur, etc., etc., avant de
la soumettre à aucun réactif ;

Puïs de procéder à des essais afin de voir si les pro-

priétés reconnues en premier lieu se retrouvaient dans les matières séparées au moyen des agents chimiques (1).

Ce principe est exprimé d'une manière tout à fait conforme à l'esprit de la *méthode a posteriori expérimentale;* car après avoir reconnu certaines propriétés dans la matière que vous voulez analyser, vous cherchez dans les principes que vous avez séparés de cette matière les propriétés reconnues en premier lieu.

204. Des essais faits avec l'intention de reconnaître *certaines propriétés chimiques* sont fort utiles.

La matière est-elle neutre? C'est par des dissolvants neutres, tels que l'eau, l'alcool, l'éther, etc., qu'il faut en commencer l'analyse.

Est-elle acide? Il convient de s'assurer si elle est entièrement acide comme l'est le *gras des cadavres* (177). Pour cela on le traite par l'acide chlorhydrique, afin d'enlever les bases qu'il peut contenir; on en prend le degré de fusibilité. Cette détermination faite , on l'unit à la potasse, on

(1) Ce principe est clairement formulé dans l'écrit publié en 1815 sous le titre de la *Composition chimique des végetaux,* par M. Chevreul, 1er volume des *Eléments de physiologie végétale et de botanique* par Mirbel, pages 458 et 459 (5).

constate la solution parfaite du composé dans l'eau bouillante, puis on décompose le savon par l'acide chlorhydrique, et l'on reconnaît que la matière grasse n'a subi aucun changement dans ses propriétés. Une fois cette certitude acquise, on peut recourir à la potasse pour séparer les acides du gras des cadavres.

205. Je rappellerai une règle que j'ai toujours pratiquée depuis 1806 et dont j'ai parlé précédemment à propos de mes recherches sur les matières colorantes. C'est de pousser l'action d'un dissolvant sur la matière soumise à l'analyse jusqu'à ce qu'il ne lui enlève plus rien (155).

En considérant le principe (203) toujours au point de vue de la méthode appliquée à l'analyse immédiate, j'arrivai à des conclusions que je vais résumer en les coordonnant de la manière la plus convenable pour en faire sentir l'importance.

206. Les réactifs étant employés fort souvent à chaud, il importe de reconnaître si la température à laquelle on se propose d'opérer est susceptible d'apporter quelque changement aux propriétés de la matière. Il importe donc de *constater si elle en éprouve ou n'en éprouve pas*. Dans le premier cas, je dis depuis longtemps que la matière subit l'action

de la *cuisson* et je désigne les changements qu'elle a éprouvés par la dénomination de *phénomènes* de *cuisson*. Le mot *cuisson* exprime, comme on le voit, des changements que des aliments crus subissent par l'action de la chaleur. Le dernier paragraphe du premier groupe de recherches de ce chapitre concerne l'examen de la cuisson sur les aliments.

207. Le procédé que je propose pour résoudre la question que je viens d'élever est fort simple. Il repose sur l'observation que la plupart des matières organiques à ma connaissance exposées au vide sec, perdent une quantité d'eau égale à celle qu'elles abandonnent par leur exposition à une température de 100°, mais avec cette différence que la matière séchée dans le vide, en reprenant l'eau qu'elle a perdue, est ce qu'elle était avant l'expérience ; tandis que si cette même matière est susceptible d'éprouver un *changement* par la *cuisson*, la matière séchée à 100° sera différente de la première.

D'après cela, pour s'en assurer, il suffira de prendre deux quantités égales de la même matière, de sécher l'une dans le vide pour savoir ce qu'elle perd d'eau, sécher l'autre quantité à 100°, peser les résidus, puis restituer aux deux matières l'eau qu'elles ont perdue respectivement.

Si la chaleur fait éprouver un changement à la matière, on en tiendra compte, et je rappelle que les effets les plus frappants de la cuisson sont ceux que présentent l'albumine du blanc d'œuf et le tissu cellulaire tel que le tendon.

Deux poids égaux d'un même blanc d'œuf dont l'un est séché dans le vide sec, perd la même quantité d'eau que l'autre qui a été coagulé de 70 à 75 puis séché à 100°.

Le premier se redissout dans l'eau qu'il a perdue, il est donc toujours *cru*.

Le second au contraire ne s'y redissout pas parce qu'il est *cuit*.

Le tendon donne un résultat inverse. Un certain poids est séché dans le vide, un poids égal est dissous par l'eau bouillante. La solution donne, après l'évaporation, un poids égal à celui du tendon séché sans avoir été cuit, mais avec cette différence que le tendon *cuit* est de la *gélatine*.

Après ces essais de cuisson, il faut voir si le dissolvant qu'on se propose d'employer, ne produira pas un effet indépendant de l'action dissolvante. Par exemple, s'il n'agira pas comme l'alcool qui, en coagulant l'albumine, la rend insoluble dans l'eau ainsi que le fait la cuisson;

208. Une fois qu'on a eu reconnu les principes immédiats qui n'éprouvent pas de changements, ni de la part d'une température de 100°, ni de celle d'un dissolvant, on peut procéder avec sécurité aux analyses, en n'oubliant pas les expériences que je fis dans la vue d'apprécier l'action spéciale de la chaleur, de la lumière, du gaz oxygène, de l'eau à l'état liquide et à celui de vapeur sur les matières organiques.

Voici les résultats de ces expériences :

209. Les matières organiques soumises à l'action de la chaleur dans le vide ou dans les gaz azote, hydrogène, etc., et dans la vapeur d'eau, sont moins altérables, ou ce qui revient au même, pour s'altérer, elles exigent une température plus élevée que quand le gaz oxygène est présent.

La stéarine, la margarine, l'oléine, etc., se distillent dans le vide sans altération, tandis que si le gaz oxygène est présent, une quantité notable des corps gras s'altère.

210. Des principes colorants appliqués sur des étoffes exposées à la lumière du soleil dans le vide, dans le gaz azote, le gaz hydrogène et même la vapeur d'eau, se conservent des années, tandis que dans

l'air atmosphérique, ils s'altèrent plus ou moins rapidement.

211. Les mêmes principes, chauffés dans le vide ou dans les gaz azote et hydrogène, exigent une température plus élevée pour s'altérer que quand ils reçoivent l'action de la chaleur au milieu du gaz oxygène atmosphérique.

212. Des principes immédiats acides tels que le gallique, le pyrogallique, le tannique, des principes colorants tels que l'hématine, la brésiline, etc., etc., forment des composés stables avec la potasse, la soude, la baryte, la strontiane, la chaux, lorsque les combinaisons s'opèrent sans le contact du gaz oxygène, tandis que si ce gaz est présent, immédiatement il est absorbé et le principe immédiat est profondément altéré. Ces réactions jettent beaucoup de jour sur la respiration, car les liquides ani maux, comme le sang, qui ont un besoin incessant de l'air atmosphérique sont *alcalins*.

Conclusion finale du premier article du § 7.

213. C'est après avoir constaté que d'une matière extraite d'un produit d'origine organique, il est

impossible d'en rien séparer sans en altérer évidemment la nature, que je considère cette matière comme un des *principes immédiats* du végétal ou de l'animal d'où elle provient, et que dès lors je la mets au nombre des espèces chimiques.

214. Après les recherches que je viens de résumer, après la définition que j'ai donnée de l'*espèce chimique organique*, je ne m'explique pas comment dans les traités de chimie on ne parle pas d'une matière consécutive de ces espèces, et comment on ne réserve pas une partie spéciale à ce qui concerne l'histoire des matières formées d'espèces simplement mélangées ou unies en proportion indéfinie.

ARTICLE 2.

215. Je terminerai ce paragraphe par quelques applications de l'action de la chaleur sur les matières organiques ; et de plus sur l'influence qu'elle exerce, ainsi que la lumière, lors de l'altération des matières organiques exposées aux agents pondérables de l'atmosphère.

1ʳᵉ APPLICATION. *Synthèse organique.*

216. Les faits concernant la cuisson des matières organiques montrent la nécessité, lorsqu'on veut opérer une *synthèse* concernant une matière organique susceptible d'éprouver une *cuisson* à un certain degré de température, de soumettre la matière à une température inférieure à celle où elle se cuit, et comme la température de la cuisson peut varier selon que l'eau est présente ou absente, cette circonstance doit être prise en considération.

2ᵉ APPLICATION. *Huiles volatiles.*

217. La définition de l'espèce chimique exige, pour être applicable à une *huile volatile*, que le point d'ébullition de celle-ci soit constant durant le cours de son entière distillation (1).

Et comme contre-épreuve, que l'on soumette une huile qui est, dans ce cas, à une *évaporation* faite dans un appareil distillatoire où l'on peut

(1) *Dictionnaire des sciences naturelles,* tome **21**, page **538** (**1821**); *Considérations générales sur l'analyse organique,* pages **175** et **176**, (**1824**).

faire le vide et refroidir le récipient avec de la glace ou un mélange frigorifique, afin de constater si un produit distillé par simple évaporation a le même point d'ébullition que le résidu, je suppose des distillations par évaporation faites à moitié, au tiers et au quart.

Dans le cas où l'*huile volatile* n'eût pas présenté un point d'ébullition unique, il conviendrait de la réduire en fractions de produit d'ébullition constante.

Enfin les observations précédentes montrent la nécessité d'opérer dans le vide ou dans une atmosphère dépourvue d'oxygène si l'huile est altérable par ce gaz.

5ᵉ APPLICATION. A l'hygiène.

218. De tout temps on a considéré l'air et la lumière comme des agents de salubrité, mais avant les expériences dont la description occupe des centaines de pages dans les Mémoires de l'Académie, l'explication précise de leur heureuse influence n'avait point été donnée par la science.

Mes expériences démontrent que la salubrité n'est assurée dans les habitations de l'homme, dans les écuries et les étables, qu'à la condition du renouvellement de l'air, et de la pénétration de la lumière solaire s'il y existe des matières organiques nuisibles à la vie.

L'action simultanée de l'air et de la lumière sur les matières organiques susceptibles d'infecter les eaux est indispensable pour prévenir cet effet.

Enfin l'aération du sol est la condition de son assainissement.

Dans toute exploitation agricole, il faut, pour une culture donnée, que les plantes trouvent tout ce qui est nécessaire à leur développement, eu égard au temps; et que les engrais d'origine organique en satisfaisant à cette condition n'aient jamais assez d'énergie combustible pour enlever à l'air qui touche les spongioles la totalité de son oxygène, parce qu'on sait depuis longtemps que le contact de ce gaz est nécessaire à la vie des racines.

§ 8. Les composés d'origine organique
ne diffèrent pas essentiellement des composés inorganiques,

219. Les *espèces chimiques d'origine organique*, c'est-à-dire celles que nous ne trouvons pas dans le monde inorganique, diffèrent-elles essentiellement des *espèces chimiques minérales* et des *espèces* que l'on peut produire dans nos laboratoires de chimie?

Je réponds négativement.

Ne donnant pas cette réponse d'après des considérations *à priori*, je ne puis me dispenser d'entrer dans quelques détails afin de prévenir sinon des objections du moins des questions que soulève naturellement l'observation si ancienne de la stabilité, des *roches*, du *sol arable* et des *eaux naturelles* même, opposée à l'altérabilité des *composés d'origine organique*.

Ici, le cas est analogue à celui dont j'ai parlé (25,27) à l'époque où l'on ne connaissait que des *acides* et des *alcalis* doués de quelque énergie, sauf la différence que tous les intermédiaires possibles entre les composés extrêmes stables et instables existent aujourd'hui, mais, dans la comparaison précédente, on n'en tient pas compte ; c'est cette omission que je veux expliquer pour mettre la vérité en évidence.

Incontestablement quand vous comparez une *roche*, une *pierre*, une *terre*, avec une *herbe*, le *tronçon d'un animal*, la *matière minérale* semble avoir triomphé du temps et être de nature à se conserver indéfiniment telle qu'elle vous apparaît, tandis que la *matière organique* tend incessamment à disparaître et à ne laisser qu'un faible résidu.

Pourquoi cette différence?

220. C'est que la *pierre*, la *terre*, aussi bien que les *eaux* sont formées de corps simples combustibles qui ont satisfait à leur affinité puissante pour l'oxygène. Dès lors, ce dernier corps, qui existe dans l'atmosphère à l'état libre, n'a aucune influence pour les altérer.

221. Il en est autrement des matières organiques, composées en grande partie de carbone et d'hydrogène et de quantités d'oxygène insuffisantes pour les saturer. Dans les conditions de température, de lumière et d'humidité où elles se trouvent exposées à l'air, un équilibre plus stable entre leur partie combustible et l'oxygène atmosphérique tend à s'établir, de façon à produire de l'eau et de l'acide

carbonique; enfin l'azote, un de leurs éléments, se
dégage en partie libre, en partie à l'état d'ammoniaque, de sorte qu'il arrive un moment où la plante
comme le tronçon de l'animal ne laissent plus que
la matière minérale qui constitue particulièrement
les cendres qu'auraient laissé ces matières organiques si on les eût incinérées. L'altération de la matière organique exposée à l'air est donc le résultat
de l'affinité de l'hydrogène et du carbone de la matière organique, pour l'oxygène atmosphérique et de
l'affinité de l'azote pour l'hydrogène sous l'influence
de la chaleur, de la lumière et de l'humidité.

On conçoit donc qu'à une température où l'eau
sera glacée, que dans l'obscurité, et hors de la présence du gaz oxygène, la matière organique sera
dans des conditions tout à fait différentes de celles
où une altération se produit.

222. C'est donc parce que la matière qui pénètre de
l'extérieur dans la plante et la matière alimentaire
qui pénètre dans l'animal, se trouvent dans des *conditions différentes* de celles du monde extérieur à l'être
vivant, que la matière qui s'assimile à celui-ci diffère
de la matière minérale; des *circonstances différentes
déterminent des équilibres moléculaires différents. Voilà
l'explication de la différence de constitution chimique*

*qu'on observe entre la matière minérale et la matière
organique.*

223. Allons plus loin, le chimiste fait des composés
moins stables que les composés organiques ; il suffit
de citer l'or, l'argent et le mercure fulminants,
le chlorure et l'iodure d'azote, la nitroglycérine, etc., etc., et il y a plus, le chimiste est capable
de produire dans son laboratoire des *espèces chimiques* identiques à celles qui le sont par les êtres vivants (1).

224. J'ai cherché de tout temps à montrer que les
forces qui président aux actions moléculaires du
monde inorganique ont une grande part à celles du
monde vivant, et pour en donner un exemple frap-
fant et incontestable, j'ai dit que la force qui unit
les atomes dans une plante aussi bien que dans un
animal est toujours l'*affinité* et la *cohésion*, et que s'il
n'en était pas ainsi, dès qu'une *plante ou un animal
auraient cessé de vivre, leurs atomes se dissocieraient*

(1) Les vues principales dont je viens de faire mention sont exposées dans l'écrit déjà cité de l'ouvrage de Mirbel (tome 1, page 455,
alinéa 2, 3, 4).

évidemment et alors disparaîtrait immédiatement la forme de l'être vivant (1).

J'ai professé encore les mêmes idées dans des *considérations générales et inductions sur la matière dans les êtres vivants* (2), mais dans la crainte qu'on me prêtât la prétention absurde d'expliquer le *mystère de la vie*, par la manière de voir que je viens d'exposer, je crus devoir dire nettement ma pensée sur l'interprétation des phénomènes vitaux tels que nous pouvons les observer.

225. La question métaphysique telle que je la conçois se rattacher à ces phénomènes, n'a rien à démêler avec la nature des forces auxquelles nous rapportons immédiatement les effets des actions moléculaires, soit dans le monde vivant, soit dans le monde inorganique; d'un ordre bien plus élevé, elle réside dans *l'arrangement des atomes pondérables, coordonnés avec l'ensemble des forces chimiques et physiques, de manière que ces arrangements d'atomes pesants aussi*

____

(1) *Considérations g nérales sur l'analyse organique et sur ses applications* (1824), de l'alinéa 529 au 534 inclusivement.

(2) *Appendice au sixième mémoire des recherches chimiques sur la teinture*, par M. Chevreul, imprimé dans le tome 18 des *Mémoires de l'Académie des sciences* (lu le 7 d'août 1837).

*divers que les formes des espèces vivantes des deux rè-
gnes qu'ils représentent, se conservent depuis des siècles
par la transmission des pères aux enfants.*

Or cette transmission comprend, avec un arrangement matériel défini de forme et de composition
chimique, toutes les facultés instinctives et intellectuelles de l'homme et des animaux, en un mot tout
ce qui appartient à ce nombre si grand des espèces
vivantes; c'est donc là, à mon sens, que gît le mystère de la vie!

§ 9. Transformation de la matière inorganique
en matière organique dans les êtres vivants.

226. Arrivé au dernier paragraphe d'un résumé que
j'avais projeté de faire moins long, je me demande
si je suis en faute pour avoir dépassé les limites
dans lesquelles j'avais pensé d'abord me renfermer?
Certes, je le serais et je l'avouerais, si je n'avais pas
dit (141) que ce chapitre n'ayant point été écrit
pour les personnes auxquelles s'adressent, non
mes travaux spéciaux, mais les propositions générales qui en sont les conséquences naturelles, dès
lors je les engageais à ne point lire ce résumé.
Maintenant ai-je dépassé les limites pour les lecteurs
auxquels je l'adresse? Ce sont mes juges, ils pronon-
ceront, en n'oubliant pas de me tenir compte de
l'*intention.*

Le § 9 que je commence n'est point, comme
ceux qui le précèdent, le résumé du passé : car
il comprend des inductions qui, à mon sens, n'ont
pas le caractère positif de travaux accomplis, mais,
données avec réserve, elles me semblent devoir

20

exercer plus d'influence pour conduire à la vérité qu'à l'erreur.

Je vais traiter dans trois articles :

1° De l'assimilation de la matière dans les plantes ;

2° De l'assimilation de la matière alimentaire dans les animaux supérieurs ;

3° De la comparaison de l'assimilation de la matière dans les plantes et dans les animaux.

ARTICLE PREMIER.

De l'assimilation de la matière aux plantes.

227. Depuis longtemps on admet la dépendance où les animaux, du moins les animaux supérieurs, sont des plantes, parce qu'on reconnaît, sinon explicitement du moins implicitement, que les plantes jouissent de la faculté de s'accroître aux dépens du monde minéral, tandis que les animaux ne le peuvent, exigeant pour vivre un aliment organique, soit végétal s'ils sont herbivores, soit animal s'ils sont carnivores.

Voilà ce qui a été admis il y a longtemps, je répète implicitement sinon explicitement, et ce que les contemporains n'ont jamais contesté sérieusement.

On admet donc encore aujourd'hui que les plantes, pour se développer, ont besoin d'oxygène atmosphérique, d'eau, d'acide carbonique, d'azote oxygéné ou hydrogéné et de composés de soufre, de phosphore, de chlore, de silicium, de potassium, de sodium, de calcium, de magnesium, de fer, peut-être de manganèse et d'iode.

Une question qui partage les chimistes est de savoir si l'azote gazeux de l'atmosphère peut s'assimiler directement aux plantes à l'état de liberté.

Je renvoie à la publication de mes *leçons de chimie appliquée aux phénomènes de la vie où interviennent des actions moléculaires*, la question de savoir si les engrais d'origine organique interviennen utilement dans la production agricole.

ARTICLE 2.

De l'assimilation de la matière alimentaire
aux animaux supérieurs.

228. Depuis longtemps les sociétés humaines, que l'on dit civilisées, sont habituées au régime des *aliments* CUITS; s'il n'en était pas ainsi, il suffirait pour traiter le sujet de cet article, de faire remarquer la différence existant entre le mammifère qui

se nourrit d'herbe et celui qui se nourrit de chair, et dès que l'homme se trouverait ainsi assimilé au carnivore ou plutôt à l'omnivore, il n'y aurait pas lieu de s'arrêter pour examiner en particulier son régime alimentaire : mais comme il n'en est point ainsi nous devons nous occuper de ce qui a trait à la *cuisson des aliments* dont j'ai déjà parlé (206-207) et il importe, avant d'exposer les considérations et les conséquences qui se rattachent à ce sujet, de réduire à sa juste valeur une opinion peu fondée qu'on se fait des conditions de la vie à l'époque du monde antédiluvien.

229. Rien de plus ordinaire que d'entendre dire à des personnes qui s'occupent de vues spéculatives sur la *vie des espèces antédiluviennes* que l'on considère comme perdues; qu'à cette époque du monde la vie différait fort de ce qu'elle est aujourd'hui, parce que la *nature avait une puissance qu'elle a perdue.* C'est ici que la pente peut entraîner à l'exagération; car les formes des espèces disparues, la nature calcaire des os et des coquilles fossiles ne permettent pas d'attribuer à ces espèces des différences de forme et de nature chimique extrêmes relativement aux espèces actuelles; dès lors, en considérant la faible différence de température qui sépare l'état

chimique de l'animal CRU de l'animal CUIT, c'est-à-
dire MORT à cause d'une élévation de température,
on n'est pas fondé, d'après l'analogie, d'admettre
des conditions de vie trop différentes entre le monde
antédiluvien et le monde actuel; gardons-nous donc
d'attribuer les différences des deux mondes à une
grande différence de température.

Si l'on prétendait admettre l'existence d'êtres vivants à des époques antédiluviennes dans des conditions où la nature avait plus d'énergie, il faudrait
produire à l'appui de cette opinion des explications
qui n'ont jamais été données; car évidemment la vie
telle qu'elle est dans les êtres actuels auxquels on accorde une organisation supérieure, ne serait pas com-
patible avec une température plus élevée notablement
que la température actuelle du globe terrestre. D'un
autre côté, accordez aux autres forces physiques
telles que la lumière et l'électricité plus d'énergie
qu'elles n'en ont aujourd'hui, et les états moléculaires des organes des êtres vivants actuels ne seront
plus dans des conditions d'existence à pouvoir remplir les fonctions auxquelles ils satisfont actuelle-
ment.

230. Examinons maintenant l'alimentation de
l'homme relativement aux modifications que les ali-

ments d'origine animale et d'origine végétale peuvent éprouver par la *cuisson*.

Alimentation de l'homme eu égard à la cuisson.

231. La *cuisson des aliments* n'est pas une condition absolue pour la nutrition de l'homme, disons-le avant tout, car le fait témoigne qu'il est des circonstances où il a consommé de la chair *crue*; et comment en serait-il autrement quand les animaux carnassiers s'en nourrissent exclusivement !

Des aliments d'origine animale sont consommés par l'homme à l'état *cru* et à l'état *cuit*, tel est le lait, et rien de plus varié relativement à la *cuisson* que les fromages à la fabrication desquels il sert. Si parmi ceux-ci il en existe qui à peine ont senti la chaleur, d'autres ont été *cuits*, et abandonnés à eux-mêmes ont éprouvé encore ces actions spontanées rentrant dans ce qu'on appelle des *fermentations*.

On peut citer encore des préparations de charcuterie qui présentent les extrêmes entre le *cru* et le *cuit*.

232. Les aliments d'origine végétale présentent des faits analogues.

Les légumes sont dans le même cas, car on les consomme le plus souvent à l'état *cuit*. Les salades sont des exemples d'une consommation à l'état contraire.

L'homme ne consomme guère les *aliments amilacés* qu'à l'état *cuit*, et le *pain* est un des exemples les plus anciens qu'on puisse citer de cet usage.

Mais à la rigueur ils peuvent être consommés à l'état *cru*, comme le prouve la consommation des pommes de terre par les porcs, et les eaux de son données à des herbivores tels que les chevaux.

233. Les principaux avantages de la *cuisson* me paraissent tenir plus de l'*agrément* que de l'*utile* proprement dit. Cependant l'utile est incontestable surtout pour certains aliments; je ne parle bien entendu que de la *simple cuisson* et non de la préparation des mets d'un *Apicius*.

Un des phénomènes les plus remarquables est la sapidité, l'odeur sulfureuse que la cuisson donne au blanc d'œuf, et les *aromes* spéciaux qu'un grand nombre de viandes manifestent dans la même circonstance : ces *aromes*, distincts de l'*osmazôme*, se trouvent à l'état latent dans des matières que l'eau froide enlève aux viandes et dont la nature peut varier avec l'espèce de chacune d'elles.

La *cuisson* donne en outre plus de tendreté à la

viande en agissant convenablement sur les matières fibrineuse et cellulaire.

La *cuisson* développe des aromes dans beaucoup d'aliments végétaux; mais on est obligé de convenir qu'il se dégage de quelques légumes des vapeurs *sulfurées* dont l'odeur est excessivement désagréable.

La *cuisson* est particulièrement utile pour la préparation des aliments amilacés. L'amidon, en absorbant de l'eau chaude, est d'une digestion bien plus facile qu'à l'état grenu.

L'eau de Seine légèrement salée à $\frac{1}{125}$, donne plus de sapidité, plus de tendreté à la plupart des légumes que ne le fait l'eau distillée.

L'eau saturée de sulfate de chaux est tout à fait impropre à la cuisson des légumes.

234. Nous venons de voir que l'homme se nourrit d'aliments végétaux et animaux *cuits* et *crus*; il faut ajouter que les deux règnes organiques donnent des aliments qui ne sont pas susceptibles d'être modifiés par la *cuisson*. Ainsi les huiles et les graisses ne le sont pas, du moins au-dessous d'une température de 100° et privées du contact de l'oxygène atmosphérique.

235. Les modifications de certains principes immédiats des aliments par la *cuisson*, tels que l'albumine, le

tissu cellulaire, la fibrine, les fécules, les farines, etc.,
sont incontestables, et il est vrai que tous les principes immédiats une fois soustraits à l'être vivant ou
abandonnés à eux-mêmes, tendent à se simplifier,
à rétrograder, s'il m'est permis de parler ainsi, vers
la nature minérale, et cette simplification a lieu en
beaucoup de cas encore sous l'influence des réactifs
chimiques qui ne constituent pas des combinaisons
avec la matière organique comparables à celles du
sublimé corrosif et des substances tannantes énergiques. De là, cette conséquence que la *cuisson* et
la *préparation* des aliments tendent généralement
à en simplifier la nature.

236. Les choses étant dans cet état, je ne puis trop
insister sur un fait qui ne me paraît pas avoir suffisamment attiré l'attention des physiologistes ; c'est
que ces principes immédiats azotés des aliments,
notamment l'albumine, le tissu cellulaire, la fibrine,
que vous avez modifiés par la *cuisson*, vous les *re-
trouvez à l'état* CRU dans le chyle et dans la lymphe,
c'est-à-dire qu'ils semblent avoir été *décuits* dès qu'ils
ont été absorbés par les vaisseaux chylifères et lymphatiques, et probablement par les vaisseaux veineux absorbants du tube intestinal.

Si l'on considère maintenant que les produits de

l'organisation, séparés des corps vivants, tendent généralement à se dénaturer en se simplifiant, quand ils sont soumis à l'action de l'air, à celle des réactifs chimiques, aux forces physiques, le *phénomène* qu'on peut appeler DÉCUISSON a une importance incontestable pour peu qu'on l'étende au passage de la matière brute dans le corps vivant, de sorte qu'en commençant par la plante, la matière minérale, non-seulement se *débrûle*, mais encore se *décuit* et devient par là plus apte à contracter des combinaisons faibles de l'ordre des composés organiques.

ARTICLE 3.

Comparaison de l'assimilation de la matière aux plantes et aux animaux.

237. L'existence des plantes est indépendante de celle des animaux, c'est dire qu'elles trouvent dans le monde minéral tout ce qu'exige leur développement.

Ainsi la végétation est *une cause première* de la *matière* dite *organique*.

Il faudrait dire la *cause unique* s'il était démontré qu'aucun animal inférieur ne peut vivre uniquement de matière minérale et qu'en cela il ressemble aux animaux supérieurs qui ne peuvent se passer d'un aliment *organique*, soit d'origine végétale, soit d'origine animale.

Voyons maintenant les ressemblances et les différences existant entre la nutrition des plantes et celle des animaux.

A. *Nutrition des plantes.*

238. L'étude de la végétation apprend que l'on ne peut produire une plante sans une graine ou sans une partie détachée d'un végétal vivant.

On sait encore que les graines provenant d'une même plante ne produisent pas toutes des individus identiques, et que c'est par les semis qu'on obtient les variétés d'une même espèce, tandis que les individus provenant originairement de la division d'une plante, soit bouture, marcotte, greffe, etc., conservent les attributs caractéristiques de cette plante *individu*.

239. Suivons le développement d'une graine mise dans une terre où elle peut germer, parce qu'avec le contact simultané de l'eau et du gaz oxygène atmosphérique, elle est en outre exposée à une température convenable.

On admet généralement que la graine vit aux dépens des principes immédiats dont l'ensemble est appelé *périsperme* dans beaucoup de graines, jusqu'à l'époque où les feuilles apparaissent. C'est donc en définitive aux dépens de cette matière organique, le *périsperme*, que les tissus vivants de la graine se développent sous l'influence d'une température convenable et de la présence de l'eau et du gaz oxygène du monde extérieur.

On a constaté que jusqu'à l'apparition des feuilles, la graine germée et parfaitement séchée pèse moins que la graine séchée avant la germination.

240. Mais les feuilles ont-elles apparu et les rayons du soleil les frappent-elles? Des phénomènes bien remarquables se manifestent; du *gaz oxygène se dégage dans l'atmosphère, tandis que* **du carbone,** *qui lui était uni à l'état de gaz acide carbonique composé binaire de la nature inorganique, se fixe dans la plante avec une certaine quantité d'eau et en augmente le poids.* Il serait difficile de se refuser à penser, quoique l'expérience ne l'ait point encore démontré, qu'il n'y ait pas en même temps de l'azote fixé, soit qu'on admette son union préalable avec l'hydrogène ou l'oxygène, soit qu'on admette qu'il provienne directement de l'atmosphère.

Ici deux grands résultats de la science moderne sont mis en évidence.

(*a*) Deux composés binaires au moins, l'*acide carbonique* et l'*eau*, parfaitement stables, parce qu'ils sont complétement *brûlés, oxygénés* (220-221), pénètrent dans la plante, et certainement l'un d'eux au moins, l'acide carbonique, est *débrûlé, désoxygéné, réduit* et passe ainsi à l'état de *matière organique combustible* (222).

(*b*) Mise en lumière d'une des plus belles harmonies de la nature (1);

Les plantes sont une source de gaz oxygène qui remplace incessamment celui qui disparaît par la respiration des animaux, par les fermentations, en un mot par toutes les combustions vives ou lentes du carbone.

241. Ici se présente une question que suggère non la germination, mais le développement de la *graine germée* qui en est la suite.

Rappelons avant tout que, dans la formation de la graine,

Un *tissu a été organisé pour vivre* à l'époque de la

____

(1) Priestley, Jugen-housz, Sennebier, Th. de Saussure et Boussingault.

germination et une *matière organique* le PÉRISPERME, a été produit en même temps pour nourrir et développer le tissu qui ne peut l'être aux dépens de la matière minérale du monde extérieur.

Maintenant que se passe-t-il après la germination, lorsque la jeune plante continue de vivre et augmente de poids en s'assimilant la matière minérale du monde extérieur?

En posant aujourd'hui cette question pour la première fois, je crois, c'est dire qu'elle n'est pas résolue.

242. Indubitablement, sans prétendre devancer l'expérience et sans m'exposer au reproche de compromettre la science actuelle par des conjectures, la matière assimilée à la plante dans un même temps doit être considérée sous deux aspects :

UNE PARTIE augmente les tissus vivants, les *organes*.

UNE AUTRE PARTIE, contenue dans ces organes, s'y trouve en réserve pour des besoins ultérieurs, à l'instar du *périsperme* de la graine (239).

La question est de savoir si la matière assimilée se divise en deux parties immédiatement, ou bien si la portion de matière qui accroît l'organe vivant n'a pas été produite déjà à l'origine comme réserve d'un développement ultérieur de tissu.

Ceux qui admettent, à l'instar de Mirbel, l'existence du *cambium* de Duhamel, reconnaissent que la matière destinée à l'accroissement des tissus vivants a été formée primitivement à l'état de réserve.

243. On prendra une idée claire de cette distinction en suivant la végétation de la betterave, plante bisannuelle, comme exemple.

Première année. Semée après les gelées, elle a acquis à la fin de l'automne un poids considérable, eu égard à la graine qui l'a produite.

Une betterave mûre au mois de novembre a donné à M. Péligot jusqu'à 15 de sucre pour 100 de son poids; au mois d'octobre, elle n'en eût donné que 12.

Deuxième année. La betterave reste en terre si l'on ne craint pas les gelées; en cas contraire, elle en est retirée pour être replantée au printemps comme porte-graines.

M. Péligot a constaté qu'une *betterave porte-graines* de deux ans était dépourvue absolument de sucre.

244. La conséquence est donc que le sucre formé

la première année est destiné aux besoins de la
végétation de l'année suivante et que dès lors la
matière organique non organisée, le sucre, est produit en bien plus forte proportion que la *matière
organisée*, afin de satisfaire au besoin de la végétation de la deuxième année, et qu'en outre celle-ci
une fois accomplie et les graines qui doivent concourir à la perpétuité de l'espèce étant formées,
tout le sucre de la première année a disparu.

245. La manière dont je viens de considérer la
végétation d'une plante bisannuelle est applicable
à la végétation des plantes *pérennes ;* à la fin de chaque
année il s'y trouve une matière organique capable,
comme le *périsperme* de la graine (239), de satisfaire
aux besoins de la végétation qui se feront sentir
au renouveau de l'année suivante.

B. *Nutrition des animaux.*

246. Les phénomènes de l'assimilation de la matière organique aux animaux supérieurs sont tout à
fait différents.

Ce qui pénètre du dehors dans une plante y reste,
sauf une certaine quantité d'eau qui s'évapore surtout par les organes foliacés, sauf encore du gaz

oxygène provenant de la décomposition du gaz acide carbonique (240) et des vapeurs odorantes le plus souvent agréables; enfin il peut exsuder quelques liquides de l'écorce ou des feuilles, mais ces exsudations ne constituent point un fait normal que présentent tous les individus d'une même espèce et le présentent d'une manière réglée périodiquement. Il y a plus : les vapeurs odorantes exhalées et les matières solides qui peuvent se trouver en solution dans les exsudations, sont des principes immédiats, le plus souvent identiques aux produits normaux. En définitive, avec la réserve précédente, on peut dire que rien ne correspond dans la végétation aux *excréments* des animaux supérieurs, comme nous allons le voir.

247. Pour se rendre compte de l'assimilation dans les animaux, il suffit au but que je me propose de distinguer deux époques dans la vie d'un animal supérieur à sang chaud.

Première époque. L'animal est jeune, il augmente de poids.

Deuxième époque. L'animal est adulte, il n'augmente pas de poids, c'est-à-dire que toutes les vingt-quatre heures son poids est le même.

1re *Époque.*

248. L'animal ne s'assimile pas tout l'aliment qui entre dans son canal intestinal, et qui a reçu successivement des sucs salivaires, gastrique, pancréatique et biliaire.

Une PORTION est absorbée et par les *vaisseaux lymphatiques* y compris les *chylifères,* et par les *vaisseaux veineux.*

L'autre PORTION est rejetée au dehors avec une addition de *bile* et de *mucus alcalin* des intestins. Si la bile sert à la digestion et s'il est vrai qu'il y en ait d'absorbée, cette quantité est excessivement faible relativement à celle qui sort à l'état excrémentitiel.

Suivons la *première portion* de l'aliment qui a été absorbée.

(*a*) *La partie qui l'a été par les lymphatiques* est portée du canal thoracique dans la veine sous-clavière gauche, où elle se mêle au sang; le mélange arrive dans la veine cave supérieure, puis dans l'oreillette droite du cœur, où se réunit le sang veineux de tout le corps; et de cette oreillette il passe dans le ventricule droit.

(*b*) *La partie qui a été absorbée* dans les intestins *par les vaisseaux veineux de la veine porte* se rend au foie; elle en ressort mêlée au sang veineux par

les veines hépatiques, et de là le mélange, par l'intermédiaire de la veine cave inférieure, arrive au côté
droit du cœur.

249. Voilà donc comment l'aliment entretient le
sang et comment celui-ci, devenu artériel dans le
poumon, va nourrir ensuite tous les organes; et cette
fonction accomplie, le sang redevenu *veineux*, re-
tourne au cœur pour redevenir *artériel*.

Mais si dans le jeune animal les tissus organisé
se développent et augmentent de poids, il s'en faut
beaucoup que cette augmentation corresponde au
poids de la matière de l'aliment qui est entré dans
le corps; car l'animal perd incessamment de sa
matière par les reins sous la forme d'urine, par la
peau sous la forme de sueur, enfin par le poumon
sous la forme d'exhalation pulmonaire.

2e *Époque.*

250. Tout ce qui se produit dans la première
époque a lieu dans la seconde, sauf que le poids
de l'animal n'éprouve pas notablement de variation
de vingt-quatre en vingt-quatre heures.

Faut-il en conclure que toute la matière expulsée
en ce temps sous la forme d'urine, de sueur et d'exhalation pulmonaire, est l'identique, sous une autre

forme, de l'aliment qui a pénétré du canal intestinal dans l'intérieur, de sorte que cette matière seule entrée dans les 24 heures aurait été soumise au changement ?

251. Ici je tiens compte d'une observation bien ancienne qui, pour avoir été exagérée, ne m'en paraît pas moins incontestable quand on la restreint dans des limites convenables, c'est la rénovation de la matière de l'animal. Si l'on ne peut affirmer qu'elle est *totale* dans un laps de temps déterminé comme cinq, sept... ans, il me paraît indubitable que la matière de certains organes se renouvelle dans des temps divers, et que dès lors la quantité de matière nutritive qui dans les vingt-quatre heures est entrée dans un animal ne représente pas identiquement la totalité de la matière qui en est sortie dans le même temps à l'état d'urine, de sueur, d'exhalation pulmonaire et de bile, ces produits excrétés du corps renfermant une quantité notable de matière qui avait été antérieurement assimilée.

252. La partie assimilable de l'aliment ne peut passer qu'à l'état liquide dans les vaisseaux absorbants du canal intestinal, de même que l'aliment qui pénètre dans les spongioles de la plante. On

sait l'influence exercée par les sucs salivaire, gastrique et pancréatique pour liquéfier des principes immédiats fort différents contenus dans l'aliment. On sait de plus qu'il existe un rapport entre les quantités des sucs sécrétés pour la digestion et celle de l'aliment nécessaire à la vie normale, et disons en passant, c'est une grande erreur de s'être imaginé qu'on favoriserait la digestion au moyen de la *pepsine*. Quand l'aliment est en excès dans le canal intestinal, l'excès est rendu avec la partie excrémentitielle.

C. *Différence de l'assimilation de la matière dans les animaux et dans les plantes.*

253. La différence entre l'assimilation de la *matière organique* aux animaux à sang chaud, faite AVEC *élimination d'une partie excrémentitielle*, et l'assimilation de *la matière minérale* aux plantes accomplie SANS *élimination* correspondante, a tant d'importance dans la distinction de la *vie animale* d'avec la *vie végétale,* qu'il importe de la signaler.

254. L'animal à sang chaud produit la chaleur indispensable à sa vie, et les actions moléculaires en sont la cause. Certes, si l'on a eu tort de la faire dépendre uniquement de la respiration, et surtout

de la combustion du carbone et d'une quantité plus faible d'hydrogène, il est certain que la combustion du carbone y a une grande part.

Cette combustion, effet de la respiration des animaux à sang froid, aussi bien que de celle des animaux à sang chaud, est certainement un phénomène opposé à ce qui se passe dans la plante pourvue de ses feuilles et frappée par le soleil (240).

En outre la nécessité d'un aliment d'origine organique combustible explique très-bien comment l'animal, le supérieur du moins, ne peut vivre avec les matières minérales que la plante s'assimile, notamment avec l'acide carbonique et l'eau.

Et rien ne prouve mieux la nécessité de l'aliment combustible pour la vie animale que l'alimentation de l'adulte dont le poids revient à l'égalité de vingt-quatre heures en vingt-quatre heures.

L'animal à sang chaud produisant lui-même la chaleur nécessaire à son existence se trouve dans une condition fort différente de la plante qui a besoin aussi de chaleur pour accomplir toutes les fonctions essentielles à son espèce; mais incapable de la produire en quantité notable, elle la reçoit du monde extérieur, des radiations solaires, auxquelles elle est redevable encore de sa faculté de dégager l'oxygène à l'état gazeux de l'acide carbonique.

255. Pour peu qu'on réfléchisse au fait par lequel la plante vit de l'assimilation des éléments de l'eau, de l'acide carbonique, de l'ammoniaque et de composés binaires dont quelques-uns sont à l'état salin, et qu'on voie nettement que les spongioles des racines sont à l'égard de ces composés ce que la membrane du tube intestinal pourvu de ses vaisseaux lymphatiques et des vaisseaux veineux de la veine porte est à l'égard de l'aliment animal, il devient évident qu'il ne peut y avoir rien de correspondant à la partie *excrémentitielle* de l'intestin, puisqu'en définitive ce sont des composés binaires avec de l'oxygène, et de l'azote libre peut-être, dont la simplicité chimique est absolument différente de la nature complexe de l'aliment organique nécessaire à l'animal.

S'il n'y a dans l'assimilation de la matière minérale à la plante rien de comparable à la partie excrémentitielle de l'intestin de l'animal à sang chaud, il est encore évident que sauf l'eau à la fois aliment et véhicule, le gaz oxygène, quelques matières volatiles et des exsudations dont j'ai parlé (246), il n'y a pas de similitude possible à établir entre ces matières exhalées ou exsudées de la plante et ces matières sortant du corps de l'animal à l'état solide, liquide et aériforme, matières si différentes de ce qu'elles étaient à leur entrée. En outre rien de comparable dans la plante à cette circulation générale de suc réparateur correspondant à la circulation du sang, qui n'entretient la vie qu'à la condition d'apporter d'une manière continue une matière *neuve*, si cette expression est permise, et d'éliminer une matière *usée* sous la forme excrémentitielle.

Voilà, je crois, la différence de la *vie animale* d'avec la *vie végétale* expliquée sans hypothèse dans ce qu'elle a de plus général.

256. Quoique l'aliment de la plante soit bien moins complexe que celui de l'animal, que la plante ne développe de chaleur que dans quelques espèces et dans quelques instants de leur vie, qu'elle n'a pas de système de circulation comparable au système sanguin, ce ne sont pas des raisons pour qu'elle ne produise pas un grand nombre de principes immédiats de nature très-variée. Personne n'ignore l'influence des forces physiques du monde extérieur sur cette production; il suffit de se rappeler les plantes tropicales. N'est-il pas présumable qu'un certain nombre de ces principes sont des *résidus*, en ce sens qu'ils dérivent d'une matière dont une partie a servi par transformation aux besoins de la végétation? S'il en était réellement ainsi, on pour-

rait comparer jusqu'à un certain point ces *résidus* à une matière excrémentitielle qui n'aurait point été expulsée de l'être vivant.

257. Ces vues ne seraient-elles pas incomplètes si après avoir montré cette matière organique, sucre, amidon, huile, etc., formée pour ainsi dire comme une réserve destinée à continuer l'acte vital qui l'a produite, je n'élevais pas cette question : pourquoi une plante ne vivrait-elle pas de ces mêmes principes immédiats qui seraient introduits par les racines? Je ne vois rien d'absolument contraire à ce qu'il en soit ainsi; il n'est point impossible que certains engrais agissent d'une manière spéciale par quelque matière plus complexe que l'acide carbonique, l'eau et l'azote oxygéné ou hydrogéné. On peut citer des expériences à l'appui de l'opinion que des solutions de principes immédiats ont favorisé la végétation. Malgré cela je conçois des raisons, je ne dis pas absolument contraires à ce que je viens de dire, mais qui en restreindraient beaucoup la généralité ou l'importance. Quoi qu'il en soit, la question que j'élève est trop importante pour que l'expérience néglige de la traiter.

258. Je finirai par l'énoncé d'une conjecture qui

complète la manière dont en parlant de la *cuisson des aliments de l'homme*, j'ai envisagé le *fait* relatif à certains principes immédiats qui après avoir éprouvé, comme l'albumine, une modification isomérique par la *cuisson*, reprennent l'état *cru* ou *décuit*, lorsqu'ils ont passé du canal intestinal dans les vaisseaux lymphatiques (236).

(*a*) Aujourd'hui il est démontré qu'un même corps simple peut être dans des états moléculaires assez divers pour que leur unité de poids en s'unissant à des quantités égales d'oxygène donne des quantités diverses de chaleur.

Par exemple M. Favre admet que le charbon de

bois développe alors.	8080,0	unités de chaleur
le charbon des cornues.	8047,3	—
le graphite naturel. . . .	7796,6	—
le diamant.	7770,0	—

(*b*) Il a de plus constaté que des composés isomères d'oxygène, de carbone et d'hydrogène, c'est-à-dire des corps composés des mêmes éléments unis en même proportion, donnent en brûlant des quantités différentes de chaleur.

(*c*) On admet depuis longtemps, et M. Favre partage cette opinion, que l'affinité mutuelle de corps qui se combinent est d'autant plus grande qu'ils dégagent plus de chaleur.

(*d*) Berthollet professait cette opinion, et il disait que le gaz muriatique oxygéné (le chlore), en s'unissant à la potasse, produisait du muriate de potasse (chlorure de potassium) et du muriate suroxygéné de potasse (chlorate de potasse), et que dans ce dernier sel il y avait du calorique en combinaison. Il expliquait par *l'accumulation du fluide impondérable* la propriété si comburante du composé salin et pourquoi le choc dégage de la lumière de ce sel.

259. Conformément à ces faits (*a*, *b*, *c*, *d*), il me semble fort probable, lorsque dans la plante des composés binaires de la nature minérale en perdant de l'oxygène, ainsi que cela arrive à l'acide carbonique désoxygéné sous l'influence solaire, dont le carbone passe à l'état de matière organique en s'unissant avec d'autres éléments qui comme lui faisaient auparavant partie de composés de la nature inorganique, il me semble fort probable, dis-je, alors que ces éléments se *débrûlent*, ils éprouvent encore une modification moléculaire qui, en les rendant *composés organiques*, les éloignent de l'état moléculaire que plusieurs d'entre eux sont susceptibles de prendre par la *cuisson*.

DEUXIÈME GROUPE.

RECHERCHES CHIMIQUES — PHYSIOLOGIQUES.

____

§ 1. Méthode *à posteriori* expérimentale
appliquée à reconnaître l'action des corps sur l'organe du goût.

260. Les sensations que l'on éprouve à la suite de l'introduction des corps dans la bouche doivent-elles être toutes attribuées indistinctement à l'organe du goût?

Telle est la question que j'ai traitée conformément à la *méthode* A POSTERIORI *expérimentale* avec l'intention de ramener les effets, c'est-à-dire chaque sensation, à l'organe qui sert d'intermédiaire à chaque perception.

22.

261. J'ai reconnu que trois sens peuvent être affectés, le *toucher*, le *goût* et l'*odorat*.

Le *premier* l'est toujours, puisque l'organe du toucher, la peau, tapisse l'intérieur de la bouche ; c'est à ce sens qu'il faut attribuer la sensation de *fraîcheur* ou de *chaleur* que le corps qu'on y introduit peut causer, sensation que peuvent d'ailleurs ressentir toutes les parties du sens du toucher.

A. Il est des corps qui n'agissent que sur le toucher de la langue, par exemple le cristal de roche.

B. D'autres agissent à la fois sur le toucher de la langue et sur l'odorat ; tel est l'étain, en le flairant on éprouve une sensation particulière, encore persistante lorsqu'on le met dans la bouche ; mais en empêchant l'écoulement de l'air par les narines que l'on presse avec les doigts, l'odeur cesse d'être sensible.

C. Les corps qui agissent sur le toucher et le goût seulement, ne sont pas nombreux, eu égard à la sensation spéciale au dernier sens. En effet il n'existe guère en réalité que la saveur sucrée, la saveur amère, la saveur salée, la saveur âcre et la saveur astringente.

Lorsqu'on met dans la bouche les corps de cette

catégorie, la sensation n'est pas modifiée par la pression des narines.

Telle est l'action du sucre candi pour la saveur sucrée, du picrate de potasse pour la saveur amère, du chlorure de sodium pour la saveur salée, de l'acide oxalique pour la saveur acide, et de l'acide tannique pour la saveur astringente.

Beaucoup de corps sapides sont à la fois sucrés et astringents, ou douceâtres amers et astringents.

D. Beaucoup de corps sapides agissent en même temps sur l'odorat et toujours sur le toucher bien entendu.

Le caractère de ces corps est que, mis dans la bouche, la pression des narines fait disparaître l'odeur tandis que la saveur persévère.

262. Enfin c'est par erreur que longtemps on a attribué la saveur urineuse aux alcalis fixes. J'ai démontré qu'elle appartient à l'ammoniaque d'un sel ammoniacal de la salive qui est décomposé par l'alcali fixe. Non-seulement la sensation disparaît par la pression des narines, mais l'alcali fixe mêlé à la salive dans un verre de montre puis flairé produit le même effet, c'est-à-dire exhale l'odeur urineuse.

263. Il y a quarante ans que j'ai publié l'explication

suivante de la sensation de l'eau fraîche introduite dans la bouche (1). La fraîcheur, sensation de toucher, tient à ce que l'eau est prise à plusieurs degrés au-dessous de l'atmosphère; mais à cette sensation s'en joint une autre que j'attribue à ce que l'eau enlève à la langue une certaine quantité de salive laquelle est salée, mais à cause de la continuité du contact de la salive avec l'organe la sensation salée n'est pas perçue; lors donc qu'elle est diminuée sensiblement par l'eau introduite dans la bouche, l'état habituel cessant d'être, on attribue une sensation *positive* à ce qui n'est en réalité que *négatif*.

264. J'ai tout lieu de penser que plus d'une sensation que nous éprouvons est un effet négatif analogue à celui que je viens de citer. Il me semble qu'un corps qui produit, à l'instant de son application sur la langue ou les gencives, un composé insoluble peut produire une sensation d'astriction en vertu de l'effet dont je parle.

J'ai fait des remarques relatives à un travail de vivisection de Flourens qui rentrent dans cette manière de voir le *négatif* où l'on a vu le *positif (Journal des savants,* année 1831, page 9).

(1) *Leçons de chimie appliquée à la teinture,* 4ᵉ leçon, page 21.

265. Des gens du monde, des médecins et des chimistes qui, s'ils ne sont pas nos contemporains ont été nos prédécesseurs immédiats, trop bien disposés pour l'analyse chimique, ont adopté comme l'expression de la vérité beaucoup d'analyses d'eaux minérales, et la foi en leur exactitude a été telle que des *fabriques dites d'eaux minérales* ont été établies et que leurs produits ont été prescrits par des médecins à des malades qui ne pouvaient aller sur les lieux où ces eaux sont prises telles qu'elles sortent de l'écorce terrestre.

266. La fabrication des eaux minérales repose sur l'opinion que les effets thérapeutiques ont pour cause les matières signalées par l'analyse, *opinion certainement fondée, mais qui n'est point* ABSOLUE.

Quoi qu'il en soit, la conséquence de cette opinion n'est justifiée qu'à la condition de la connaissance exacte de la nature des principes immédiats de l'eau. Or c'est là ce dont on n'est jamais certain, surtout lorsque l'analyse a été faite loin de la source.

267. C'est donc pour arriver le plus près possible de la certitude que j'ai proposé la *méthode* qui m'a servi à déterminer l'influence en teinture de l'eau de Seine et de l'eau d'un puits des Gobelins. Cette méthode est exposée dans le treizième mémoire de mes *Recherches chimiques sur la teinture* (1).

Elle est fort simple :

1º On a constaté les effets différents des deux eaux et de l'eau distillée, en y teignant comparativement des étoffes de laine, de soie et de coton;

2º On a reconnu les corps dissous dans les eaux de Seine et de puits;

3º On a fait des solutions dans l'eau distillée de chacun des corps trouvés dans chacune des eaux, en tenant compte bien entendu des proportions;

4º On a teint les trois étoffes dans chacune des solutions, puis on a comparé les résultats avec ceux de l'eau de Seine et de l'eau de puits.

(1) *Mémoires de l'Académie des sciences,* t. 34.

Voilà la méthode fidèlement résumée, telle que je propose de l'appliquer à la recherche des effets organoleptiques produits par chacun des corps dissous dans une eau médicinale, cas compliqué, je le reconnais le premier, puisque la science doit être représentée par un chimiste, un physiologiste et un médecin.

268. Je ne voudrais pas qu'on tirât la conclusion de ce qui précède que je proscris absolument l'usage en médecine des *eaux minérales* dites *artificielles*.

Ainsi l'eau gazeuse d'acide carbonique est ce qu'elle doit être, plus agréable, je crois, que médicinale.

Les eaux sulfureuses, ferrugineuses et alcalines sont à mon sens des *préparations générales* fondées incontestablement sur l'action de composés sulfureux, ferrugineux et alcalins; à ce titre le médecin peut les prescrire.

Mais s'il les prescrivait au point de vue *spécial* de telle eau naturelle sulfureuse, de telle eau naturelle ferrugineuse, de telle eau naturelle alcaline, dont les effets ont été bien constatés, je ne doute pas qu'il y aurait plus d'un mécompte.

269. J'ai proposé la même méthode pour résoudre une question qui a été élevée à la Société d'agriculture, à savoir, pourquoi les boulangers de Paris préfèrent préparer leur pâte avec l'eau de puits au lieu de l'eau de Seine.

En conséquence j'ai proposé avant tout de constater le fait en faisant trois pains avec la même farine, l'eau distillée, l'eau de Seine et l'eau de puits. Le fait constaté, de répéter l'expérience avec des eaux tenant séparément un des principes immédiats de l'eau de puits, avec une eau de puits artificielle et l'eau de puits naturelle.

TROISIÈME GROUPE.

RECHERCHES PHYSIQUES-PHYSIOLOGIQUES SUR LA VISION DES COULEURS.

Méthode *à posteriori* expérimentale appliquée à l'étude
de la vision des couleurs.

270. La *Méthode* A POSTERIORI *expérimentale* m'a
dirigé encore dans mes recherches sur la vision
des couleurs et dans quelques recherches sur la perspective.

ARTICLE PREMIER.

Contraste simultané des couleurs et de leurs tons.

271. La *méthode* se revèle dans le *dispositif* même des expériences sur le contraste simultané des couleurs.

Ainsi on prend deux feuilles de papier identiques A et A′, et deux autres feuilles pareillement identiques, égales d'étendue aux premières, mais en différant par la couleur, B et B′.

On juxtapose A′ et B′ et on place A à quelques centimètres de A′, et B à quelques centimètres de B′.

La conséquence de ce *dispositif* est précisément conforme à la méthode, puisqu'il permet de constater le changement produit dans A′ et B′ en comparant facilement A′ à A et B′ à B.

On détermine ainsi :

1° La loi du *contraste de ton* quand A et A′ sont d'un gris clair et B et B′ d'un gris foncé, ou d'une même couleur à des tons différents.

2° La loi du *contraste simultané des couleurs* quand A et A′ sont d'une couleur et B et B′ d'une couleur différente.

Le *dispositif* de ces expériences ne permet pas seulement la *comparaison*, qui est un vrai contrôle, mais il permet encore, après qu'on a reconnu par l'expérience que les modifications des couleurs A′ et B′ sont données par la complémentaire de B′, qui s'ajoute à la couleur de A′ et la complémentaire de A′ qui s'ajoute à la couleur de B′, d'avoir la certitude de la loi du *contraste simultané des couleurs*.

Seulement il ne faut jamais oublier que les effets de coloration dus aux complémentaires étant faibles, une lumière trop vive ou trop faible, selon les cas, nuit à l'observation des modifications produites par la juxtaposition.

272. D'après les difficultés qui s'opposent à ce qu'un certain nombre d'esprits distingués comprennent clairement ce que le contraste simultané renferme de neuf, je vais examiner deux catégories de faits.

Première catégorie de faits.

Par le contraste des couleurs peuvent s'embellir ou se nuire, je ne parle pas des cas où l'on jugerait qu'elles ne gagnent ni ne perdent.

En opérant, comme je l'ai dit, il est aisé de juger si la juxtaposition de deux couleurs est avantageuse ou nuisible. Ce résultat est incontestable.

Deuxième catégorie de faits.

Ce qui est contestable ce sont les effets de certains arrangements de couleurs.

C'est la préférence donnée, par exemple, à l'association du bleu avec le rose, eu égard à l'association du blanc avec le bleu ou avec toute autre couleur;

C'est la préférence donné à l'association du blanc avec les couleurs dites simples, relativement à l'association du blanc avec les couleurs dites binaires, etc.

Je conçois parfaitement l'application du proverbe : *Il ne faut disputer ni des goûts ni des couleurs* quand il s'agit des faits de cette catégorie.

273. Je reconnais donc comment on peut différer de goût, mais ce que je veux combattre comme contraire à la vérité, c'est de juger des arrangements en alléguant un prétendu *principe* qui n'est qu'un *absolu* a PRIORI.

Tous ceux qui ont lu le *Timée* de Platon savent l'importance donnée par le philosophe grec au *principe des semblables*. Selon lui, nulle union possible entre des contraires sans un ou deux termes moyens.

Le *principe des semblables* a été appliqué par des artistes, par des écrivains qui ont traité du goût dans les arts, de la manière la plus arbitraire et la plus inexacte, lorsqu'ils ont posé en principe qu'il ne peut exister d'*harmonie de contraste*, parce que toute harmonie de couleur rentrait dans les *harmonies* que j'ai appelées *d'analogues* conformément au principe des semblables.

274. Comment ai-je établi des *harmonies d'analogues* et des *harmonies de contraste?* C'est en recueillant ce que les hommes de tous les temps, de tous les pays ont admiré dans la nature vivante, les fleurs, les oiseaux, les coquilles et les insectes ; c'est en étudiant les œuvres des décorateurs, des artistes, etc., présentant des harmonies qui plaisent à tous.

Cette étude expérimentale montre que de tout temps l'association du *rouge ou du rose avec le vert* a paru belle. Léonard de Vinci a vanté l'association du *jaune et du violet*, et Newton *celle du bleu et de l'orangé*. Voilà donc la justification des *harmonies de contraste*, puisque celles dont je viens de parler se composaient de couleurs complémentaires présentant les associations les *plus différentes possibles*.

275. Lorsque je fis connaître la *loi du principe du contraste simultané des couleurs*, c'était l'exemple d'un fait général de sensation où deux corps différemment

colorés, vus simultanément, perdent ce qu'ils ont de semblable pour paraître plus différents. C'était donc un *principe diamétralement opposé à celui des semblables* et au principe du mélange des couleurs.

Un fait que j'ai cité déjà à l'Académie, est la critique faite contre les *harmonies de contraste*, par l'auteur d'un ouvrage publié récemment sur la *joaillerie*. Il trouve l'association du rubis avec la topaze agréable; il admet, conformément à la loi, que le rubis prend du bleu, ainsi que la topaze; mais, pense-t-il, l'*harmonie étant incompatible avec le* CONTRASTE, elle ne peut naître que du *principe des semblables*, et dès lors il en conclut que les couleurs se rapprochent; et pourquoi? *Parce que celles du rubis et de la topaze prennent toutes les deux du bleu.* D'où la conséquence que si le rubis prenait du jaune, couleur de la topaze, et si celle-ci prenait du rouge, couleur du rubis, les couleurs des deux pierres précieuses s'*éloigneraient* l'une de l'autre!!

L'auteur ignore, optiquement parlant, qu'une couleur simple comme le rouge ne peut être nuancée, c'est-à-dire sortir de sa gamme qu'en prenant du bleu ou du jaune; de même le jaune ne peut être nuancé qu'en prenant du rouge ou du bleu, et le bleu ne peut l'être qu'en prenant du rouge ou du jaune. D'où la conséquence que le rubis et la topaze ne peuvent se rapprocher que si le premier prend du jaune et la topaze du rouge   et que dès lors les couleurs de ces deux pierres s'éloignent en prenant du bleu.

ARTICLE 2.

Contraste successif et contraste mixte des couleurs et principe de leur mélange.

276. Je n'ai pu porter la clarté dans l'histoire de la vision des *contrastes de couleur* qu'en en distinguant de trois sortes : le *contraste simultané,* le *contraste successif* et le *contraste mixte.*

277. Et ces distinctions elles-mêmes pour être saisies avec précision, n'ont pu l'être qu'après qu'on a eu démontré l'*opposition,* qu'on me permette de la qualifier de *diamétrale,* du *principe du mélange des couleurs* d'avec le principe de leur *contraste simultané.*

278. Effectivement c'est grâce à l'*opposition diamétrale* de ces deux principes mise en avant, non d'une manière dogmatique conformément à *la méthode* A PRIORI, mais démontrée par l'expérience, conformément à la *méthode* A POSTERIORI, qu'on peut se rendre le compte le plus satisfaisant de *faits* qui autrement eussent pu paraître contradictoires.

Tant que vous voyez distinctement deux surfaces différemment colorées, vous percevrez les modifications conformes à *la loi du contraste simultané;* mais si les surfaces colorées sont étroites, par exemple de 1 à 2 millimètres de largeur, en les voyant à une certaine distance, vous pourrez percevoir la sensation indiquée par la *loi du mélange des couleurs.*

279. C'est en recourant à ces deux principes que l'on explique des phénomènes de vision distincte et de vision indistincte qui pourraient paraître en contradiction si l'on voulait les expliquer par un de ces principes à l'exclusion de l'autre.

Par exemple, ce qui favorise le plus la vision distincte, est la différence de ton entre un dessin au simple trait, ou des lettres, sur le fond où ils apparaissent. Sous le rapport de la vision distincte, rien n'est préférable à l'opposition du blanc et du noir; mais le but n'est pas atteint si les traits du dessin et des lettres n'ont pas une certaine largeur, autrement la visibilité laisserait à désirer.

Effectivement des traits noirs et minces sur un fond blanc peuvent échapper à la vue distincte, tant alors le blanc a d'influence pour éteindre le noir conformément au principe du mélange. Dans plusieurs cas, il suffit de roser convenablement le fond blanc pour que les traits apparaissent d'une manière distincte, résultat tout à fait conforme à des *specimen* que je mis sous les yeux de l'Académie en réponse, le 2 de novembre 1863, à une critique faite en octobre 1863 par M. Plateau de *la loi du contraste simultané des couleurs*.

Une bande de couleur de 8 cent. de largeur placée sur un carton blanc de manière qu'elle apparaît encadrée de 6 cent. de blanc, est vue, conformément à la loi du contraste simultané de ton, plus élevée de ton que la même couleur appliquée de la même manière sur un carton noir.

Si l'on applique sur un fond blanc 17 zones de la même couleur que la précédente mais de $0^m,002$ de largeur et écartées l'une de l'autre également de $0^m,002$, et que l'on compare cet assemblage à un autre fait sur un carton noir, en se plaçant de 4 à 7 mètres des cartons, les zones sur fond blanc paraîtront moins distinctes que sur fond noir, et ce qui est remarquable moins élevées de ton à cause du mélange de la lumière blanche.

Ces derniers effets s'expliquent par le principe du mélange des couleurs.

280. L'explication des faits précédents rend compte d'effets dont nous sommes journellement les témoins. Je citerai deux exemples.

Premier exemple. — Autrefois on avait pensé que le cadran d'une horloge publique devait satisfaire au besoin de la lecture parfaite de l'heure qu'il indiquait, et que cette condition exigeait que le cadran étant blanc les aiguilles et les chiffres des heures fussent noirs.—Aujourd'hui, par un motif que j'ignore, on a substitué aux aiguilles noires des aiguilles dorées et même quelquefois aux chiffres noirs des chiffres dorés. On a imaginé au lieu d'un cadran plan ou très-légèrement bombé, un cadran présentant les chiffres des heures sur une surface bosselée.

Deuxième exemple. — Le second exemple est l'inverse du premier ; au lieu d'affaiblir l'effet d'un contraste entre le blanc et le noir, on a placé des bas-reliefs noirs ou bruns sur des fonds blancs. Or que résulte-t-il du contraste en ce cas ? C'est que les reliefs de la sculpture d'une matière noire ou brune étant bien moins prononcés à la vue que les reliefs de la sculpture d'une matière blanche, à une certaine distance où la sculpture de la matière noire ou brune apparaît sur un fond blanc, la lumière du relief est affaiblie, sinon éteinte, par l'intensité de la lumière blanche réfléchie par le fond. La sculpture noire ou

brune apparaît alors comme une ombre ou une dé-
coupure noire sur fond blanc.

Perspective.

281. En m'occupant si longtemps de la vision des
couleurs, je n'ai pu négliger de tenir compte de la
perspective, non relativement à la géométrie, mais
relativement à l'œil de l'homme et à l'intervention
de son entendement. C'est ce qui m'a conduit à expliquer la différence existant entre les effets du pa-
norama et ceux du diorama.

QUATRIÈME GROUPE.

RECHERCHES PSYCHOLOGIQUES SUR UNE CLASSE PARTICULIÈRE DE MOUVEMENTS MUSCULAIRES.

Méthode *à posteriori* expérimentale appliquée à l'explication de certains mouvements musculaires exécutés sans que la volonté les commande.

282. Si un *principe* a reçu une application très-générale, c'est celui que j'ai formulé à la suite de mes recherches sur le *pendule explorateur*, en 1813. La description de mes expériences parut dans une lettre adressée à M. Ampère (*Revue des Deux-Mondes* de l'année 1833).

24

Je démontrai que lorsqu'on tient un pendule formé d'un fil et d'un corps pesant au-dessus d'un objet quelconque avec la *pensée que la présence de cet objet peut mettre le pendule en mouvement, celui-ci oscille, quoique cette pensée ne soit pas la volonté qui commanderait le mouvement.*

J'ai prouvé que si l'expérimentateur a les yeux bandés le pendule reste en repos.

Toutes les conséquences de ce principe, appuyé toujours sur l'expérience, ont été développées dans un ouvrage spécial (1).

Et malgré toutes les modifications que l'on a voulu substituer à la manière dont j'ai formulé le *principe,* je persiste dans les expressions qui, à mon sens, sont parfaitement claires et conformes à la vérité.

J'ajouterai qu'à l'occasion des *tables tournantes,* M. Babinet et M. Faraday ont expliqué les phénomènes dont ils se sont occupés, conformément au principe formulé dès 1813.

Je ne doute pas aujourd'hui que ce principe ne soit applicable à l'explication des *tables parlantes,*

(1) *Du pendule explorateur, de la baguette divinatoire et des tables tournantes,* Paris, Mallet-Bachelier, 1854.

mais avec la réserve que les personnes qui les font parler soient de parfaite bonne foi.

Le principe doit intervenir dans la distinction établie entre le *rêve* proprement dit où le dormeur est en *repos* et le somnambulisme où le dormeur est en *mouvement*. Je suis étonné que les personnes qui se sont occupées de ces phénomènes, depuis mes écrits sur le pendule explorateur, aient négligé d'examiner les deux phénomènes au point de vue où je me place; car on sait que généralement la mémoire conserve le souvenir d'un rêve où il n'y a pas eu de mouvement tandis qu'elle ne conserve aucun souvenir des actes du somnambulisme.

L'explication des mouvements du *pendule explorateur* que je rappelle, ne doit pas être oubliée des savants qui se livrent à des observations ou à des expériences dans lesquelles interviennent les organes musculaires, et l'on ne doit jamais négliger de la prendre en considération dans les pesées que l'on fait avec le désir de trouver un certain poids.

---

283. Le résumé que je viens de tracer de mes recherches sur la vision envisagée relativement à la

méthode, laisserait à mon sens, à désirer, si je me taisais sur le parti que j'en ai tiré pour l'enseignement (voir 2ᵉ partie, chapitres 3 et 4), sur le jour qu'elles jettent sur plusieurs phénomènes psychologiques (voir dans mon livre sur la loi du contraste simultané des couleurs, les observations auxquelles je fais allusion, page 702), en montrant la ressemblance existant entre le compte que l'esprit se rend de phénomènes visibles et de phénomènes psychiques qui semblent étrangers à des phénomènes perçus par l'intermédiaire de nos sens.

C'est en suivant mes recherches dans cette direction, que je me suis appliqué à montrer combien est erronée l'expression d'*erreurs des sens ;* là encore l'erreur naît de notre ignorance d'un jugement prononcé avant de s'être assuré d'avoir en sa possession tous les éléments dont la connaissance serait indispensable pour formuler la vérité.

Enfin la physiologie et la thérapeutique gagneraient beaucoup en précision à des recherches dans lesquelles les propriétés organoleptiques d'espèces chimiques bien définies, et douées d'énergies spéciales plus ou moins énergiques, seraient envisagées relativement à d'autres espèces chimiques douées de propriétés organoleptiques capables d'agir efficacement sur les premières, soit en les neutralisant, soit en les exaltant. En définitive, les propriétés organoleptiques des espèces chimiques seraient étudiées d'une manière analogue à celle dont on étudie les propriétés chimiques au point de vue de la neutralisation.

284. Telles sont les recherches qui, base de la *méthode* A POSTERIORI *expérimentale*, m'ont permis de la définir d'une manière rigoureuse, en la caractérisant par l'intervention de l'expérience envisagée spécialement comme contrôle d'une induction théorique à laquelle conduit l'esprit curieux de connaître la cause prochaine, soit de phénomènes que la nature présente directement, soit de phénomènes qui se manifestent dans des circonstances particulières que l'homme imagine quand il fait ce qu'on nomme des expériences ; en ce cas, la méthode ne comprend point celles qui ont été faites en premier lieu, mais les dernières instituées avec l'intention formelle de savoir si l'induction déduite de l'observation des premières est vraie.

CHAPITRE II.

285. S'il est incontestable qu'il existe un grand nombre d'enseignements, il est facile d'en distinguer de *deux ordres fort différents* en se reportant à ce que j'ai dit dans les deux parties précédentes de l'ouvrage.

Le premier ordre comprend l'*enseignement absolu;* le second ordre l'*enseignement relatif* à des sujets dont la connaissance étant imparfaite ne peut avoir le caractère du premier.

286. L'*enseignement absolu* porte sur des matières fort différentes, les mathématiques pures, les religions, les lois, et il est applicable à tout autre sujet circonscrit et connu aussi bien qu'il a été donné à l'homme de le connaître.

287. L'*enseignement relatif* à des sujets dont la connaissance est imparfaite, *traite surtout* du CONCRET et particulièrement des espèces chimiques, des terrains au point de vue de la géologie, de la méthode naturelle appliquée à la classification des plantes et des animaux, des sciences appliquées à l'agriculture et à la médecine.

SECTION PREMIÈRE.

DE L'ENSEIGNEMENT ABSOLU.

———

CHAPITRE PREMIER.

ENSEIGNEMENT DES MATHÉMATIQUES PURES.

288. L'enseignement des *mathématiques pures* bien
professé ne peut conduire à l'erreur, par la raison
qu'il se compose d'axiomes, évidents par leur énoncé
même, de principes et de théorèmes que l'on démontre vrais, enfin des conséquences de ces axiomes,
de ces principes et de ces théorèmes.

289. Buffon, en parlant des mathématiques, a dit :
« *Il n'y a donc rien dans cette science que ce que nous*

y avons mis (1), » proposition que Poinsot a reproduite en ces termes : « *Il n'y a dans une formule mathématique que ce qu'on y a mis* (2). »

290. Ces propositions sont vraies à cause de la simplicité même des mathématiques pures ; car ne perdons pas de vue que cette science ne s'applique qu'à la connaissance d'un seul attribut, d'une seule propriété de la matière, à savoir, la *grandeur* qui peut être continue ou discontinue. Et c'est conformément à cette simplicité qu'elle a défini les *trois* dimensions de l'étendue, la *longueur*, la *largeur* et la *hauteur* en disant :

Le *solide* ou *corps* est ce qui possède les trois dimensions ;

La *surface* est ce qui a longueur et largeur sans hauteur ;

La *ligne* a longueur sans largeur ni hauteur ; les extrémités de la ligne, appelées *points*, n'ont pas d'étendue.

----

(1) *De la manière d'étudier et de traiter l'histoire naturelle,* tome I, page 56, édition de Lacépède, 1817.

(2) Je renvoie le lecteur au *premier document* de cet ouvrage ; il verra les remarques de M. Hermite, le célèbre géomètre, sur la *proposition de Poinsot* (289), et les réflexions qu'elles m'ont suggérées.

291. Ces définitions montrent bien comment les mathématiques arrivent à la simplicité en écartant autant que possible tout ce qu'elles jugent étranger à ce qui constitue la connaissance de ce qu'elles soumettent à leur étude, et peut-être n'est-il pas superflu de faire remarquer qu'en appelant *solide* ce qui possède les trois dimensions, la définition ne comprend pas le *concret*, car celui-ci n'existe, outre l'étendue limitée, qu'avec l'*impénétrabilité*, et il est rigoureux de dire que le *solide* du géomètre est un *fantôme* à cause de sa *pénétrabilité absolue*.

CHAPITRE II.

---

292. L'enseignement religieux diffère de l'enseignement des mathématiques pures, en ce qu'il se trouve dans la plupart si ce n'est dans tous, une partie, qui, si elle n'a pas été révélée par Dieu, a été communiquée aux hommes par des êtres qui leur sont supérieurs. Dans tous les cas il est de l'essence de cet enseignement de n'exposer que des idées reconnues vraies en principe.

293. Il est entendu que ni la révélation, ni les

miracles, ne peuvent être l'objet d'une démonstration comparable à celle de tous les théorèmes des mathématiques pures, puisqu'ils s'adressent avant tout à la foi et non à la raison.

CHAPITRE III.

DE L'ENSEIGNEMENT DES LOIS.

294. Les lois, pour être exclusivement d'origine humaine, n'en donnent pas moins lieu à un enseignement absolu en ce sens qu'il s'agit de faire connaître des textes qu'on ne peut exposer à l'étudiant qu'à la condition de les lui présenter dans leur parfaite exactitude : sans doute il est permis au professeur de les développer plus ou moins clairement afin d'en rendre la conception plus intelligible, mais toujours avec l'intention de se conformer à l'esprit de la loi puisque c'est cette loi qu'il doit enseigner.

CHAPITRE IV.

QUELQUES ENSEIGNEMENTS CONCERNANT LE CONCRET AUXQUELS ON NE CONNAIT PAS D'EXCEPTION.

---

295. Il est des sujets appartenant à la science du *concret* qui, fruits de la méthode expérimentale, peuvent être l'objet d'un enseignement absolu, parce que tout ce qu'on veut enseigner rentre dans des principes susceptibles d'une démonstration expérimentale ; je cite comme exemple la *loi du contraste simultané des couleurs* et *toutes ses applications* aussi nombreuses que variées, parce que, à ma connaissance, elle n'a pas d'exception. C'est donc cette con-

viction qui m'a dicté ce choix de citations, et non une vanité puérile d'auteur.

Car tout partisan que je suis de la *méthode* A POS-TERIORI *expérimentale* dans l'étude du *concret* par le double motif et de la difficulté de cette étude, conséquence de la complexité du sujet, et de la faiblesse de l'esprit humain, je reconnais le premier que la *forme de l'enseignement absolu* est la plus directe et la plus claire pour faire saisir à l'esprit de l'élève ce qu'on se propose de lui enseigner, et si je recommande aux esprits investigateurs de formuler eux-mêmes de la manière la plus sévère la démonstration de leurs découvertes, c'est dans l'espoir de donner le plus tôt possible à l'enseignement du *concret* en toutes choses la forme la plus favorable à la transmission de la science du maître à l'élève.

DEUXIÈME SECTION.

DE L'ENSEIGNEMENT RELATIF.

—————

INTRODUCTION.

296. La différence est grande entre l'enseignement du deuxième ordre et l'enseignement du premier ordre.

Car en celui-ci tout est vrai ou admis comme tel
par le maître. En général, dans l'enseignement des
connaissances qui sont relatives au corps, à un être
matériel, en un mot au *concret*, il n'en est plus de
même.

La matière n'est pas l'œuvre de l'homme comme
les mathématiques pures, comme la formule du

mathématicien. Si l'homme a mis quelque chose dans un corps, c'est une simple modification qu'il a apportée, toujours conforme à une ou à des propriétés appartenant à l'essence même des corps qu'il n'est pas en son pouvoir d'altérer (7).

Résultat bien propre à faire apprécier l'extrême différence de l'étude du *concret* d'avec l'étude d'un système de propositions douées du caractère de *l'abstrait;* propositions qui, quand elles ne sont pas, comme les *mathématiques* et les *lois*, absolument l'œuvre de l'homme, sont transmises à l'élève avec une *origine surnaturelle.*

297. Rappelons que le CONCRET *ne nous est connu que par ses propriétés, ses qualités, ses attributs, ses rapports, rapports qui ne sont en définitive que des* PROPRIÉTÉS RELATIVES *à quelques autres propriétés.* Or les propriétés, les qualités, les rapports, en un mot les attributs, pour être étudiés avec l'intention formelle de la part du savant de les connaître aussi bien que possible, doivent l'être chacun séparément, successivement, et un même attribut doit l'être encore comparativement dans les corps qui le possèdent. La connaissance que l'on a d'un corps satisfait d'autant plus la science que l'on a soumis à cette étude un plus grand nombre d'attributs et

que l'étude de chacun d'eux faite comparativement
a été plus approfondie.

298. La conséquence d'un tel état de choses est
donc que l'étude à laquelle nous nous livrons d'une
branche de connaissances assez riche de généralités
exactes pour constituer ce qu'on appelle une science
du ressort du *concret*, se *borne* à connaître des propriétés, des attributs, des faits (12) dont la cause
est hors de nous. Les corps doués de ces propriétés, de ces attributs, peuvent sans doute recevoir de l'art et de la science des formes, des apparences bien différentes de celles qu'ils affectent dans
la nature; mais ces formes, ces apparences, ne sont,
comme je l'ai dit plus haut (7), que des modifications toujours en parfait accord avec les propriétés
que l'homme ne peut altérer. Ce fait se trouve donc
en dehors de la proposition, *il n'y a dans une formule mathématique que ce que l'homme y a mis*, et de
là cette conséquence rigoureuse :

Que l'enseignement qui aboutit au concret, n'est
vrai, n'est exact qu'à la condition que *les* GÉNÉ-
RALITÉS *présentées sous la forme de* PROPOSITIONS,
de RÈGLES, *de* PRINCIPES, *de* LOIS, *ne se trouveront
jamais en désaccord avec les propriétés, les qualités, les
attributs que l'on ne connaît pas.*

CHAPITRE PREMIER.

———

299. *Toute généralité* ne comprenant que des *expressions abstraites*, c'est-à-dire des qualités communes à un nombre plus ou moins grand d'*êtres concrets*, il en résulte que dans la classification des êtres vivants, d'après la méthode artificielle aussi bien que d'après la méthode naturelle, à partir de l'expression caractéristique de l'espèce inclusivement jusqu'au

caractère le plus général, celui du règne, toutes ces expressions sont abstraites.

300. En ce qui concerne la méthode naturelle, pour que les expressions fussent *essentiellement vraies*, il faudrait que les progrès de la science, amenés par le temps, n'apportassent aucun changement à la coordination de ces expressions subordonnées entre elles depuis le caractère du règne jusqu'au caractère spécifique.

301. Mais les nombreux changements que la classification des plantes, d'après la méthode de Jussieu, a éprouvés, et par les découvertes dont les plantes mêmes classées par lui ont été le sujet, et par des découvertes faites sur des plantes qu'il ne connut pas, conduisent à penser qu'il est bien plus probable que le temps amènera des changements à nos classifications actuelles des êtres vivants, que de croire qu'il respectera l'ordre dans lequel les espèces sont subordonnées entre elles à partir du caractère du règne; et cette opinion se fortifie encore des réflexions que suggère l'histoire des progrès de la science des êtres vivants considérée dans l'ensemble des notions si variées qui la composent.

302. En remontant à l'origine de recherches qui ont été entreprises depuis la renaissance, au point de vue exclusif de l'histoire naturelle des êtres vivants, il est clair qu'on s'est préoccupé de les distinguer par la *forme;* et à cause de cela, jusqu'à nos jours, on a qualifié la botanique et la zoologie de *sciences* DESCRIPTIVES, et quelques savants encore considèrent cette qualification comme fondée, quoique purement, à mon sens, relative à l'état des connaissances du passé. Il suffit de la moindre réflexion pour se convaincre que s'il est vrai que l'histoire naturelle comprenne toutes les connaissances concernant ces êtres, on ne peut se refuser d'admettre qu'il en est parmi elles qu'on ne peut acquérir sans le secours des mathématiques, de la physique, de la chimie, de l'anatomie, de la physiologie, et de la psychologie embrassant l'étude des facultés instinctives, intellectuelles et morales; d'où la conséquence qu'il est des attributs, des rapports, qu'on ne peut connaître avec certitude qu'en se livrant à l'expérience, et que dès lors les sciences dont je parle, envisagées au point de vue général, appartiennent à l'observation, au raisonnement et à l'expérience... Dans cet état de choses, on conçoit que la *description* ne donne que la connaissance de la *forme*, et que cette *forme* ne peut jamais être une *cause*, parce qu'en réalité résultante de toute les forces qui concourent à la vie de l'être organisé, elle en est le simple *effet*, et, dès lors, ce qu'on appelle la *morphologie*, la connaissance de la forme, ne peut prétendre au caractère scientifique, puisqu'elle ne s'élève pas à la *recherche des causes*, *recherche* qui est incontestablement l'apanage essentiel de toute science.

303. La méthode naturelle, en classant les êtres vivants en groupes subordonnés, depuis les individus composant l'*espèce*, jusqu'au groupe appelé *règne*, a satisfait au besoin de généraliser que ressentait l'esprit de l'homme fixant son attention sur les êtres divers d'un même règne. Il comprit qu'il ne pouvait les bien connaître qu'en subordonnant en groupes de divers ordres l'ensemble des individus de ce règne. Je dis individus, parce qu'à l'égard du *concret* il n'existe que des *individus*.

En commençant par le groupe qui en contient le moins, on a l'*espèce* ne comprenant que ceux qui ont la même origine paternelle et maternelle (1). Tous

(1) Voulant rester dans la *science positive* relativement aux connaissances actuelles, il y aurait puérilité de ma part à discuter si primitivement chaque espèce n'a compté qu'un seul père et une seule mère, ou plusieurs.

les individus d'une même espèce n'étant pas identiques par tous les attributs, le *caractère spécifique* ne se compose que des attributs qui sont communs à tous. On voit que ce caractère est une *abstraction*.

A plus forte raison en est-il de même du *genre* comprenant les espèces dont les rapports mutuels de similitude sont plus grands qu'ils ne le sont avec toutes autres espèces.

Et à plus forte raison en est-il de même encore des *familles*, des *ordres*, des *classes*, des *embranchements* et du *règne*. Le nombre des attributs communs va donc en diminuant de plus en plus à mesure que l'on s'éloigne du groupe *espèce*.

304. Enfin, une dernière remarque, c'est qu'il n'existe aujourd'hui aucun *principe* pour reconnaître le nombre des *espèces* d'un *genre*, le nombre des *genres* d'une *famille*, le nombre des *familles* d'un *ordre*, etc., et cela explique en partie les changements nombreux subis par les classifications qui ont joui le plus longtemps de la qualification de *naturelles*.

305. L'idée qui semble s'être présentée la première au naturaliste désireux de subordonner les espèces à la méthode naturelle, a été de *compter* les points de ressemblance, comme le fit Adanson

lorsqu'il établit ses *familles naturelles* de plantes (1761). Antoine-Laurent de Jussieu adopta un principe différent pour répartir ses genres en familles dans son *Genera plantarum* (1789).

Préférant au *nombre* la *qualité*, il choisit pour *caractères* de classification les attributs qui, dans la vie végétale, avaient le plus de constance ou, en d'autres termes, présentaient le moins de variation à l'observateur. La différence des principes explique la différence qui distingue les familles d'Adanson des familles de de Jussieu. Mais si la *valeur* respective des *caractères* est une pensée heureuse, si, comme on l'a dit, il est préférable de la *peser* au lieu d'avoir égard au *nombre* des ressemblances, la difficulté est de trouver la *balance;* et le temps écoulé depuis 1789, époque de la publication du *Genera plantarum,* jusqu'à nos jours ne l'a pas diminuée.

Un système d'expériences bien important à entreprendre pour éclairer cette question, serait de multiplier le plus possible les variétés d'une même espèce de plante, afin de voir les caractères les moins variables : pour arriver à ce but, il faudrait semer les graines des variétés les plus prononcées d'une même espèce. Des recherches expérimentales répétées sur un certain nombre d'espèces diverses donneraient lieu indubitablement à des résultats im-

portants, et l'on en sera convaincu si l'on se rappelle
les observations remarquables faites par M. Decaisne
sur les semis du poirier et du pommier. Des travaux de cet ordre justifieront la qualification d'*expérimentale* que la botanique et la zoologie doivent
recevoir du temps et serviront mieux la science de
l'organisation que des discussions tout à fait oiseuses
sur l'espèce.

306. La science du naturaliste, restreinte à une
classification purement descriptive, a commencé
à éprouver de sérieux changements dès qu'elle a
tenu compte des observations émanées de l'anatomie comparée et de l'usage du microscope, c'est-à-
dire lorsque l'étude, en pénétrant de l'extérieur à
l'intérieur, a fait connaître de nouveaux attributs,
de nouvelles propriétés relatives; et de plus quand
elle a fait remarquer que la connaissance de la
structure des organes et de leurs connexions con-
duisait à rechercher les fonctions qu'ils accomplis-
sent pendant la vie; on voit comment, en s'éloignant
de plus en plus de la science exclusivement *descriptive*, on se rapproche davantage de la science
expérimentale, et dès lors de la connaissance de
l'*individu*.

307. Mais avant de montrer cette tendance actuelle de l'histoire naturelle vers la connaissance de l'individu, il faut rappeler que l'anatomie comparée, à son début, a pu confirmer le naturaliste dans la pensée que l'objet de sa science était uniquement la connaissance de la *classification*, c'est-à-dire que la connaissance du *concret*, de l'*individu*, disparaissait devant la sublimité de l'*abstraction* devenue la *méthode naturelle*.

Nul doute que l'étude comparative d'un même organe dans une série d'animaux telle que la pratique l'anatomiste confirmant ou rectifiant la classification établie d'après les caractères extérieurs a semblé justifier, durant un certain temps, l'opinion première du naturaliste convaincu que toute la connaissance des êtres vivants résidant dans la *classification*, perfectionner cette classification, c'était à la fois la consolider et justifier son opinion; mais en réalité elle se trouve ainsi trop restreinte pour être l'expression de la vérité.

308. C'est contrairement à une opinion trop restreinte que j'ai envisagé précédemment (1ʳᵉ partie, chapitre VII) l'*anatomie*, la *physiologie* et la *médecine comparées*, comme des études absolument nécessaires pour connaître les êtres vivants, mais dont le but réel

est la connaissance des individus composant les espèces étudiées par l'anatomiste, le physiologiste et le médecin, et que dès lors ces sciences, après avoir formulé des généralités, devaient faire converger chacune des connaissances relatives à une espèce vers cette même espèce, afin que le naturaliste passant en revue tous les attributs dont il doit la connaissance à *lui-même naturaliste*, à l'*anatomiste* et au *physiologiste*, il puisse expliquer les faits que présente l'histoire de cette espèce. C'est cette revue, faite conformément à la *méthode* A POSTERIORI *expérimentale*, qui doit lui donner la conscience de ce qu'il sait véritablement et de ce qu'il peut ignorer.

Cette revue, que je nomme *synthèse finale*, est l'étude de l'espèce ou, en d'autres termes, l'étude des individus qui lui appartiennent, faite par le *naturaliste proprement dit*, l'*anatomiste*, le *physiologiste*, le *médecin*, et j'ajoute le *psychologiste* pour exprimer toute ma pensée (67, 68).

309. Qu'on veuille bien lire Buffon, le relire, en ne perdant pas de vue la manière dont je viens d'envisager l'histoire naturelle, et l'on verra qu'elle s'accorde avec l'idée qu'il en avait : on concevra que s'il n'a pas apprécié justement l'œuvre de

Linné c'est faute d'avoir réfléchi à toutes les études
préalables qui sont indispensables pour bien connaître l'ensemble des espèces vivantes, mais il s'était
fait une idée fort juste du but final de l'histoire naturelle en se le représentant comme la connaissance
de l'ensemble des faits qui constitue l'histoire de
chacune des espèces vivantes, en d'autres termes,
l'ensemble de leurs attributs (55).

CHAPITRE II.

CRITIQUE DE L'ENSEIGNEMENT MÉDICAL CONFORMÉMENT
A LA CONCLUSION FORMULÉE PRÉCÉDEMMENT (72).

———

310. Les sciences médicales se composent d'un nombre considérable de connaissances diverses empruntées aux mathématiques et surtout à la physique et à la chimie, à la botanique, à la zoologie, à l'anatomie et à la physiologie.

La médecine comparée comprend la *vétérinaire*.

Si l'objet de la médecine est de ramener à l'état normal, autant que possible, la santé de l'homme ou d'un animal qu'une cause quelconque a troublée, ce n'est point un motif d'en faire une *science spéciale* douée d'un caractère scientifique propre à la distinguer de toute autre : car elle arrive à son but en recourant aux sciences pures douées chacune d'un caractère scientifique qui n'appartient qu'à elle; et pour cette raison je comprends dans la *physiologie* les principes de la *pathologie* traitant de la connaissance des maladies, ainsi que de la *thérapeutique* prescrivant les remèdes propres à combattre ces maladies; et je dirai en outre que ces deux branches de la médecine sont à mon point de vue si intimement unies que l'enseignement en doit être simultané.

Je rattache encore à l'*anatomie* et à la *physiologie* les principes de l'*anatomie pathologique* et ceux de la *science chirurgicale*.

En définitive, la *médecine ne se compose que d'éléments de connaissances empruntées aux sciences pures.*

311. Que l'on tienne compte de l'immensité des propriétés, des qualités, des rapports, en un mot des attributs concernant l'homme et les animaux malades, puis de toutes les connaissances relatives au moyen de combattre les affections si complexes et si variées qui se présentent à l'observation, et l'on

s'expliquera pourquoi il existe diverses catégories de médecins.

Les deux grandes catégories sont celles des *médecins proprement dits* occupés des maladies de l'homme et celle des *médecins vétérinaires* occupés des maladies des animaux domestiques.

PREMIÈRE CATÉGORIE.

Médecins proprement dits s'occupant des hommes.

Sans entrer dans les détails concernant les médecins *spécialistes*, en fait on distingue *trois classes* de médecins de la première catégorie.

Première classe.

Elle comprend les médecins occupés du traitement des maladies ordinaires qui n'affectent pas ou que très-peu la pensée.

Deuxième classe.

Elle comprend les médecins-chirurgiens.

Troisième classe.

Elle comprend les médecins qui s'occupent des *maladies mentales.*

Les médecins de la deuxième et de la troisième classe qui se placent au premier rang, ont des qualités spéciales que les médecins de la première classe peuvent ne point avoir, lors même que leur mérite est grand et incontestable.

Ainsi les médecins de la deuxième classe doivent avoir une habileté, une sûreté de main, un sang-froid, une résolution de caractère et une connaissance parfaite du maniement et du mécanisme même des instruments nécessaires aux opérations chirurgicales.

Les médecins de la troisième classe doivent avoir fait une étude approfondie des diverses facultés de l'entendement, non en les limitant à un petit nombre, mais en les examinant dans les individus qui en possèdent quelques-unes au plus haut degré, et tout en insistant sur la nécessité d'étudier les aptitudes en particulier, ce n'est point conformément à la manière dont Gall a envisagé ce qu'il a appelé les *divers organes du cerveau.*

Je ne doute pas que les médecins de cette classe qui s'occupent des maladies mentales et de l'influence du moral sur le physique, ne trouvent dans la manière dont j'ai envisagé les intelligences si diverses, mais toutes animées du désir de connaître le *concret*, une direction d'idées favorable à leurs recherches.

312. Qu'on veuille bien se rappeler ce que j'ai dit des lacunes nombreuses de l'étude des êtres vivants ; de la disposition des naturalistes à envisager ces êtres principalement au point de vue de la classification, et l'on verra pourquoi nos connaissances sont encore si imparfaites et si incomplètes relativement aux individus dont l'ensemble constitue l'espèce ; et cependant, qu'il s'agisse de la *médecine proprement dite* ou de la *vétérinaire*, c'est à l'individu que la *médecine* et la *vétérinaire* aboutissent.

On se rend donc bien compte alors pourquoi le médecin qui prescrit des remèdes presque toujours d'après des considérations empiriques est si exposé à l'erreur.

CHAPITRE III.

CRITIQUE DE L'ENSEIGNEMENT AGRICOLE CONFORMÉMENT
AUX CONCLUSIONS FORMULÉES PRÉCÉDEMMENT (55,72).

---

313. L'ENSEIGNEMENT AGRICOLE comprend deux parties : l'*agriculture pratique*, l'*art;* et l'*agronomie*, la *science.*

L'*art* peut être enseigné de diverses manières, et sans donner lieu à aucune restriction en admettant que l'enseignement ne sorte pas de la simple pratique.

Dans l'état actuel de nos connaissances on ne peut enseigner l'*agronomie*, la *science*, sans remarques préalables, si l'on veut éviter les mécomptes, en établissant d'une manière précise ce que peut être en réalité, au point de vue de la science, l'*enseignement de l'agronomie*.

314. L'*art agricole* peut être enseigné diversement; il me suffira de parler de trois modes différents pour qu'on prenne une idée juste de la manière dont je l'envisage.

A. *Enseignement dans une ferme modèle.*

315. L'enseignement de *l'art agricole*, le plus simple et le moins coûteux, est donné dans une *ferme-modèle*. Le but qu'on se propose est d'exploiter le domaine de la manière la plus avantageuse eu égard à la localité. Non-seulement les élèves se livrent à la pratique des opérations agricoles, mais une *comptabilité* dont on les charge est un excellent moyen de leur donner une idée exacte des dépenses et des recettes; et ce contrôle qu'on leur apprend à pratiquer, rattache l'enseignement de la *ferme-modèle* à la *méthode* A POSTERIORI *expérimentale* telle que je la définis (7, 11, 54, 94, 284, 333).

B. *Enseignement dans une ferme expérimentale.*

316. Une *ferme expérimentale* diffère beaucoup d'une *ferme-modèle :* dans celle-ci l'élève ne voit que

la pratique jugée la meilleure par le cultivateur pour la culture du sol de la ferme qu'il exploite, tandis que dans la *ferme expérimentale* l'élève livré à des expériences comparatives relativement à la culture d'une même plante, ou à celle de plantes diverses, juge par lui-même des pratiques préférables à d'autres.

L'enseignement ne coûte rien pour ainsi dire dans la *ferme-modèle*, tandis que dans la *ferme expérimentale* la dépense s'élève d'autant plus que les expériences comparatives sont plus multipliées.

C. *Enseignement dans une ferme mixte.*

317. Les deux enseignements y sont donnés simultanément, mais ils peuvent l'être en proportions diverses.

D. *Enseignement donné par un instituteur.*

318. On a parlé d'enseignement donné par un instituteur qui, disposant d'un petit terrain, apprendrait à ses élèves à greffer, leur donnerait des leçons de culture maraîchère, des conseils sur la conservation et le bon emploi du fumier, qui de temps à autre les conduirait dans des fermes ou dans les champs, et agrandirait ainsi son enseignement en

leur parlant des préparations de la terre, des ustensiles et des machines agricoles.

Je ne ferai qu'une réserve à ce mode d'enseignement, c'est que l'instituteur ne sortira pas de la pratique, par excès de zèle ou d'ambition, qu'il ne prétendra pas à l'enseignement de l'agronomie en recourant à la physiologie et aux sciences physico-chimiques.

Il est entendu que je ne parle que des instituteurs qui n'auraient pas fait d'études spéciales agronomiques, comme celles qui sont prescrites à l'instruction des élèves agronomes du Muséum d'histoire naturelle.

319. Je ferai remarquer combien je suis éloigné de toute distinction absolue, car en distinguant la *ferme modèle* de la *ferme expérimentale* comme extrêmes, j'admets la *ferme mixte;* mais la distinction des deux premières fermes a le grand avantage d'avoir prévenu toute discussion sur l'utilité des *fermes expérimentales,* car en posant en principe l'utilité de l'expérience dans l'éducation, la vraie question que l'on peut traiter, la distinction faite, est de savoir s'il y a plus d'utilité à dépenser de l'argent pour instruire davantage dans la *ferme expérimentale* qu'à n'en pas dépenser du tout dans une *ferme modèle*

pour instruire, bien moins que dans la première.

La conséquence générale à laquelle j'arrive est toujours conforme à ce que j'ai dit des définitions dans la science entre une *propriété générale* et les objets concrets auxquels s'applique la définition (87, 88, 89, 90, 91).

320. Je restreins l'enseignement de l'agronomie à ce que le professeur peut démontrer au moyen de principes incontestables, et même encore à ce qui ne pouvant l'être parfaitement, donne lieu cependant à des raisonnements fondés qui conduisent à une conclusion d'une grande probabilité; mais je rejette tout ce qui est vague et purement hypothétique.

L'*agronomie* comprenant deux parties, l'*économie végétale* et l'*économie animale*, exige un ensemble de connaissances considérables rentrant dans l'étude des êtres vivants, à savoir la botanique, la zoologie, l'anatomie et la physiologie. Si l'agronomie n'a pas le caractère d'une science spéciale, semblable en cela à la médecine, comme celle-ci encore elle n'en est pas moins scientifique, et en définitive elle exige en outre la connaissance des corps minéraux, celle des climats et de la météorologie d'une manière toute particulière, vu la nécessité où se trouve l'agriculteur de confier ses semences à la terre et les plantes qui en proviennent à l'atmosphère jusqu'à leur maturité.

321. C'est cette dépendance où se trouve le cultivateur du climat et des météores qui distingue surtout l'agriculture de l'industrie, puisque celle-ci, bornée à la connaissance de la matière minérale ou de la matière organique privée de la vie, élabore ses produits d'une manière continue dans des lieux fermés, et disposant à son gré des forces physiques, elle gradue l'intensité de chacune sans s'inquiéter des agents atmosphériques qui sont en dehors de ses usines.(1).

Economie végétale.

322. L'agriculture diffère donc de l'industrie en ce que le cultivateur est dépendant du sol et de l'état météorologique de l'atmosphère à partir du moment où il confie ses semences à la terre jusqu'à celui de la rentrée de la récolte dans ses greniers : mais là n'est pas toute la différence; l'indus-

(1) Voir les considérations de M. Chevreul sur l'enseignement agricole en général, et sur l'enseignement de l'agronomie au Muséum d'histoire naturelle imprimées en 1869 par le ministère de l'instruction publique et encore le *Journal des Savants*, mars **1848.**

triel n'éprouve jamais une grande difficulté à choisir la *matière première* qu'il se propose de modifier, tandis que le cultivateur est exposé à l'erreur dans le choix des graines à semer qui sont bien sa *matière première*. Si Buffon a dit *dans les mathématiques il n'y a que ce que nous y avons mis* (289), il est bon de faire remarquer au lecteur que la *graine s'est faite sans nous*, et que des probabilités plus ou moins fortes plus ou moins faibles, seules nous guident pour prévoir la valeur de la plante qu'une graine produira.

323. A une époque où l'on s'occupe de l'enseignement agricole, c'est une nécessité de rechercher avant tout à reconnaître les difficultés qu'il peut présenter afin d'aviser au moyen, sinon de les détruire absolument, du moins de les atténuer autant que possible ; à cette condition seulement on verra ce qui reste encore à faire avant d'arriver à fonder une *institution agricole* qui, par les connaissances précises, positives et vraies qu'elle répandrait, serait comparable par son utilité aux *facultés spéciales* du ressort de l'université.

324. Cette réflexion me conduit immédiatement à insister sur les *faits de corrélation* qui s'offrent à

l'observateur dans tous les cas de cultures, et qui, malgré leur importance extrême, présentent tant de difficultés dans leur appréciation particulière, que jusqu'ici on a omis d'en tenir compte lorsqu'on a envisagé l'enseignement agricole au point de vue le plus général. En outre on néglige, toujours ou presque toujours, de les prendre en considération dans des sociétés et des réunions agricoles où surtout, par un motif quelconque, on distingue des personnes en *praticiens* et en *théoriciens*, et cependant n'en point parler, c'est renoncer à rattacher à sa véritable *cause*, l'explication de l'infériorité de l'enseignement agricole tel qu'il est donné généralement, relativement à l'enseignement médical.

325. Pour peu qu'on ait suivi avec quelque attention pendant plusieurs années les discussions qui s'élèvent au sein d'une société d'agriculture, on finit par attribuer le défaut de s'entendre à ce qu'avant toute discussion, on a négligé de s'expliquer sur les points suivants compris implicitement dans le débat :

1° Sur la structure physique du sol au point de vue de sa perméabilité ou de son imperméabilité à l'eau ;

2° Sur la nature chimique du sol, en tenant

compte de la nature spéciale des parties de ténuité diverse ;

A rechercher, autant que possible, si ce sol renferme les principes matériels nécessaires à la végétation des plantes qu'on veut y cultiver,

Et en supposant qu'il les renferme, voir s'ils y sont dans des états physique et chimique susceptibles de donner à la plante tout ce qu'elle doit prendre à ce sol durant sa culture ;

3° Sur les eaux souterraines susceptibles de contribuer à la végétation, parce qu'elles arrivent par imbibition à la couche arable.

4° C'est après cet examen physique et chimique du sol que l'on statue :

a) Sur la question de *l'amendement*, à savoir si le sol en exige un, et, en ce cas, ce qu'il doit être ;

b) Sur la question de *l'engrais*.

Je le qualifie de *complémentaire ;* par la raison que si le sol en a besoin pour la culture d'une plante donnée, il appartient à l'agronome de voir celui qu'il convient d'ajouter en ayant égard à la nature et à la rapidité avec laquelle il est susceptible de céder sa matière utile au développement naturel de la plante.

5° Sur l'action du sol relativement à l'engrais, car mes expériences ont appris que des sols divers peu;

vent avoir des actions fort différentes sur un même engrais.

6° Sur l'influence de l'altitude du lieu, du climat, de l'état météorologique, de la pluie et des vents.

326. Pour peu qu'on ait réfléchi aux conditions nécessaires à la végétation d'une plante envisagée au point de vue agronomique, on reconnaît qu'il n'est pas un seul des éléments que je viens d'énumérer qui ne soit capable d'agir dans le développement de cette plante; là existe donc une *corrélation de faits nécessaires à prendre en considération, si l'on veut envisager d'une manière scientifique, c'est-à-dire d'une manière à la fois précise et positive, la culture des plantes entreprise avec l'intention d'en tirer le meilleur parti possible.*

327. J'attache une si grande importance aux idées que je viens de développer que je vais donner des exemples propres à montrer clairement la nécessité de prendre en considération la *corrélation des faits* concernant la végétation, en prévenant que ma prétention n'est pas de croire que je les ai tous énumérés.

a) Je suppose dans un climat donné des graines d'un bon choix, se plaisant dans un sol moyen.

entre le perméable et l'imperméable et une atmosphère moyenne eu égard à la pluie et à la sécheresse.

Dans ces conditions les graines germent bien et la récolte est très-bonne.

Maintenant voyons les circonstances où la récolte sera moins bonne.

b) La saison est pluvieuse, les plantes souffrent.

c) La saison est sèche, elles souffrent encore.

d) Que la même graine soit semée dans un terrain léger ou imperméable ou peu perméable et que l'atmosphère soit moyenne, la récolte sera moindre qu'en *a*).

e) Dans le terrain perméable, si l'atmosphère est pluvieuse, la récolte pourra être bonne; mais qu'elle soit sèche, elle sera mauvaise.

f) Dans le terrain imperméable, si l'atmosphère est pluvieuse, la récolte sera mauvaise; si elle est sèche elle pourra être bonne.

328. Ces exemples suffisent pour montrer clairement les *faits corrélatifs* entre les terrains perméables, imperméables et moyens, et les temps pluvieux, moyens et secs; et comment en négligeant la *corrélation des faits*, il est facile en agriculture de tirer des conséquences erronées d'un seul *fait* considéré d'une manière absolue.

C'est pour ne pas compliquer ma thèse que je
passe sous silence les conclusions des faits chimiques, me bornant à celle des faits physiques.

329. Dans le peu que je viens de dire (325, 326,
327 et 328), on verra sans doute assez d'idées précises et positives, clairement exprimées, pour qu'en
se reportant aux traités généraux d'agriculture concernant l'enseignement, et aux discussions élevées
dans les réunions agricoles, on acquière la certitude
que presque toujours ces idées ne sont pas prises en
considération, et parce qu'à mon sens elles sont
fondamentales, en n'en tenant pas compte, on s'explique la cause de l'infériorité de l'enseignement
agricole relativement à l'enseignement médical que
j'ai signalée (323, 324).

En effet, que l'on veuille bien suivre les études de
l'élève en médecine dans la série des cours divers
auxquels il est astreint pour passer ses examens, et si
ces sciences laissent à désirer dans leur état actuel,
on verra que toutes les parties dont chacune se
compose sont étudiées et qu'il existe une série de
propositions qui peuvent toujours être présentes à
l'esprit de l'élève en même temps que le *concret* auquel elles se rapportent. L'élève agronome, livré à
l'étude de l'histoire du développement des plantes,

ne trouve rien de précis à cet égard dans l'enseignement oral ou écrit, et s'il voulait la suivre lui-même dans la nature il en verrait bientôt l'impossibilité à cause des circonstances mêmes où se trouve la plante qu'il veut connaître.

Effectivement, cette plante, dont la graine a été confiée au sol, se développe progressivement, dans le lieu même où la main de l'homme l'a placée, et jusqu'à sa maturité elle subit les influences diverses du sol, de l'eau, de l'atmosphère et du soleil, bien différente en cela encore de la matière brute ou morte, élaborée dans les usines de l'industriel sous l'influence des forces physiques dont il dirige l'action à volonté (321).

330. L'*économie végétale* est donc la partie faible de l'agronomie.

a) J'ai fait connaître en quoi elle diffère de l'industrie, et la raison de la différence (321, 322).

L'*agriculteur* agit sur une graine dont il ne connaît qu'imparfaitement la qualité; abandonnée dans un sol qu'il ne connaît pas bien, elle se développe sous des influences atmosphériques étrangères à sa puissance.

L'*industriel* agit sur une matière dont il connaît parfaitement les propriétés et il est sûr de les modificr parce que, maître des agents physiques, il en régit la puissance comme il le veut.

b) J'ai montré la raison pour laquelle l'*économie végétale* est restée bien au-dessous du degré scientifique auquel s'est élevée *la science médicale* (323... 329).

L'*agriculteur* n'a encore que des idées fort peu arrêtées sur l'assimilation à la plante des matières qui y pénétrent à l'état d'eau, d'acide carbonique, d'ammoniaque, d'oxacide d'azote, de matière saline, de matière organique issue des engrais ; il n'a rien formulé encore sur la corrélation des agents qui concourent à la végétation, et l'étude de cet ensemble d'actions dure des mois entiers sous des influences qu'il est loin de connaître dans leurs détails.

Le *médecin* sans doute est loin de connaître tous les principes actifs de l'économie animale dans leurs actions particulières et dans leur action générale ; mais ces principes agissent dans des corps vivants, libres du sol ; sans doute ils dépendent de l'air pour la respiration et même de la lumière du soleil, mais ils se prêtent bien mieux à l'étude du médecin que les plantes à celle de l'agriculteur. Ils répondent au médecin par le langage de la douleur et par la parole, tandis que la plante est muette à tous égards.

Dans un tel état de choses, doit-on s'étonner que la pratique ait tant d'autorité en agriculture? Doit-on s'étonner, lorsque la science agronomique est si bornée encore de la réserve des réponses d'un agronome vraiment savant à des questions qui lui sont adressées sur des cultures pratiquées dans un pays qu'il ne connaît pas et sans qu'on lui donne les éléments énoncés plus haut (325)? Et la réserve de l'agronome est justifiée parce qu'il sait que dans toute localité où une culture réputée avantageuse existe depuis longtemps, résultat d'un grand nombre d'essais dont le souvenir s'est effacé, *elle a sa raison d'être.* Il a donc plus de motifs de chercher à s'en rendre compte que de proposer de les modifier. Conséquemment, avant de répondre, il doit s'enquérir si les questions qu'on lui adresse portent sur des cultures nouvelles ou sur des cultures pratiquées depuis longtemps.

Économie animale.

331. L'*économie animale,* au point de vue qui intéresse l'agronomie, se présente sous cinq rapports fort distincts :

Le *premier rapport* a trait à la production même de l'animal le plus propre à l'usage auquel l'agriculteur le destine; le produit dépend du choix des producteurs, mâle et femelle, choix que l'on appelle aujourd'hui *sélection*, et qui appartient au domaine de l'expérience.

Le *deuxième rapport* a trait à l'*élevage* de tous les animaux domestiques de la ferme, y compris l'*engraissement* pour ceux qui doivent aller à la boucherie ou servir d'aliment.

Le *troisième rapport* a trait aux maladies des animaux de la ferme : il est du ressort de la *vétérinaire*.

Le *quatrième rapport* a pour objet de prévenir les maladies par des mesures émanées de l'hygiène.

Enfin le *cinquième rapport* a trait à la connaissance des animaux, utiles et nuisibles aux plantes cultivées, ainsi qu'aux animaux de la ferme. La connaissance des végétaux parasites capables de nuire à ces plantes aussi bien qu'à ces animaux est pareillement de son ressort.

Évidemment c'est en consultant le naturaliste que l'agriculteur peut acquérir des connaissances aussi importantes que précises relatives aux cinq rapports que je viens de définir.

332. Les connaissances relatives à l'*économie animale* en agronomie qui rentrent dans les cinq rapports précédents, présentent, en généralité, en

nombre et en précision, un caractère scientifique que ne présentent pas encore aujourd'hui les connaissances agronomiques du ressort de l'*économie végétale*. Si l'étude de la médecine de l'homme a jeté de vives lumières sur la médecine des animaux, la *vétérinaire* est loin d'avoir reçu sans rien donner. Car l'étude véritablement philosophique, la *médecine comparée*, est aussi avantageuse à l'une qu'à l'autre, non pour assimiler l'homme aux animaux par la similitude des symptômes des organes malades, mais pour observer au contraire l'influence du moral de l'homme sur le physique et constater alors ce qu'il y a de semblable et de différent entre la brute et lui; car chez l'animal malade, il y a douleur et instinct de la conservation sans doute, mais que de phénomènes moraux peuvent apparaître chez l'homme malade qui n'apparaissent pas chez l'animal! que de différences mêmes présentent les hommes d'après leur caractère et leurs opinions religieuses! Évidemment la différence n'est-elle pas extrême au lit de la mort entre l'homme qui croit à l'anéantissement de son être, et l'homme convaincu qu'une partie spirituelle de lui-même survivant à sa dépouille mortelle a la pensée consolatrice de retrouver dans un monde meilleur les êtres chéris qu'il a perdus?

CONCLUSION FINALE.

———

333. L'intime liaison des faits compris dans ce petit ouvrage sur la *méthode* A POSTERIORI *expérimentale* donne à des généralités l'expression de principes propres à montrer clairement les vrais éléments des connaissances humaines en les déduisant de la méthode la plus sévère puisqu'elle est caractérisée par le *contrôle expérimental*.

Pourquoi cette expression de *contrôle expérimental*, qui semble borner la méthode aux seuls faits du ressort des sciences expérimentales proprement dites?

C'est que la *méthode* A POSTERIORI *expérimentale*

est fille de la chimie, science expérimentale par excellence.

Mais afin de prévenir toute équivoque, il faut remarquer qu'il ne suffit pas de faire des *expériences* de chimie pour être en droit d'assurer que l'on pratique la *méthode* A POSTERIORI *expérimentale*, il faut nécessairement remplir la condition :

Que des INDUCTIONS *théoriques suggérées par des expériences faites en premier lieu, ont été soumises à un système d'expériences subséquentes et instituées avec l'intention de démontrer l'exactitude de ces inductions.*

Voilà le sens véritable de l'expression de *contrôle expérimental.*

D'où la conséquence

Que si ce *contrôle expérimental* des INDUCTIONS a été omis dans des recherches expérimentales, même *chimiques*, la *méthode* A POSTERIORI *expérimentale* n'a pas été appliquée.

Cette définition une fois acceptée, s'étend à toutes les sciences dont l'objet est de recueillir des faits appartenant au monde *concret*, avec la remarque que si le *contrôle* ne rentre pas dans le domaine de l'expérience proprement dite, on recourra à *des faits*

de nature à contrôler les *inductions* que l'on aura déduites *des faits* examinés en premier lieu.

Enfin, pour citer un *cas extrême* d'une méthode
absolument correspondante à celle que je viens de
définir, je rappellerai celle que prescrit l'arithmé-
tique pour faire la preuve d'une addition, d'une
soustraction, d'une multiplication et d'une division.

C'est en se plaçant à ce point de vue que l'on
comprend l'esprit de la *méthode* A POSTERIORI *expérimentale* en même temps qu'on en aperçoit clairement
la généralité.

La méthode, en coordonnant les *faits* tels que je
les ai définis (12, 13), arrive à donner des principes
qui en retraçant la marche de l'esprit curieux de connaître les rapports établis entre toutes choses, mettent
un terme à des distinctions oiseuses et à des classifications dont le vice réside dans une définition absolue
presque toujours en désaccord avec les êtres concrets
auxquels on a prétendu l'appliquer; classifications
dont on a tant abusé et dont on abuse encore.

334. Quand on demande pourquoi l'enseignement
de l'école n'a pas donné ce qu'on en attendait lorsqu'il s'agit d'éclairer la pratique de la vie dans une
position quelconque, les considérations précédentes
répondent :

L'enseignement des mathématiques pures, absolument abstrait, ne donne lieu à aucune question de ce genre; essentiellement vrai, si l'application trompe, la faute en est à la personne, et non à l'enseignement.

335. Il en est autrement de l'étude du *concret*.

On enseigne des *principes*, des *généralités*, en un mot l'*abstrait*.

Dans la pratique de la vie, quand il s'agit de passer de cet *abstrait* au *concret*, bien des cas se rencontrent où l'enseignement est en défaut, soit qu'il ait été incomplet, soit que des *abstractions* données comme vraies aient été erronées, et alors l'*application au concret de l'abstrait enseigné* met la discordance en évidence, et conséquemment l'*insuffisance de l'enseignement de l'école*.

336. Enfin il est naturel que le système de vues que je viens de développer, *issu de la méthode* A POSTERIORI *expérimentale*, recommande à tout enseignement l'usage de l'expérience, recommandation que jugeront essentielle les partisans de l'enseignement dit *professionnel*, aussi bien que les promoteurs d'un *enseignement agricole* vraiment sérieux, parce qu'il ne donnera jamais lieu à des erreurs; mais il

est entendu que l'expérience dont la pratique est désirable, n'est pas l'*expérience absolue*, mais l'expérience *comparative* et toujours *comparative*.

La seule qui, émanation pure de la *méthode* A POSTERIORI *expérimentale*, montre à tous à distinguer la vérité de l'erreur.

A cette condition, le progrès est assuré ; l'avenir profite du passé en évitant la déception si fréquente de l'expérience sans contrôle.

FIN.

PREMIER DOCUMENT.

—

EXAMEN DE LA PROPOSITION:

« Il n'y a dans une formule mathématique
« que ce qu'on y a mis. »

Les personnes qui auront lu l'ouvrage sur *la
méthode* A POSTERIORI *expérimentale et sur ses applications*, verront combien je dus être frappé de la
proposition de Buffon : « *Il n'y a dans les mathéma-
« tiques que ce que nous y avons mis,* » et de la proposition de Poinsot : « *Il n'y a dans une formule*

« *mathématique que ce qu'on y a mis.* » Certes, je n'ai jamais mis en doute, ni le génie de Buffon ni l'esprit de Poinsot, cependant n'ayant aucun titre près du public pour exprimer une opinion en mathématique, j'ai voulu savoir comment un géomètre contemporain jugerait ces propositions, et à ma prière, mon excellent confrère M. Hermite a bien voulu rédiger les pages qu'on va lire.

———

1. M. Poinsot, dans un beau et important mémoire sur la théorie et détermination de l'équateur du système solaire, s'exprime relativement à la science du calcul dans les termes suivants :

« Le calcul est un instrument qui ne produit
« rien par lui-même et qui ne rend en quelque
« sorte que les idées qu'on lui confie. Si nous
« n'avons que des notions imparfaites, ou si l'es-
« prit ne considère la question que d'un point de
« vue borné, ni l'analyse ni le calcul ne lui appor-

« teront plus de lumière et ne donneront à nos ré-
« sultats plus de justesse et plus d'étendue. Au
« contraire on peut dire que cet art de réaliser en
« quelque sorte par le calcul de fausses ou de va-
« gues conceptions, n'est propre qu'à rendre l'erreur
« plus durable en lui donnant pour ainsi dire une
« sorte de consistance. »

2. Malgré toute mon admiration pour l'esprit
si élevé et si judicieux de l'illustre géomètre, je
crois voir à ce qui précède les plus graves objections.

3. Et d'abord ne se demandera-t-on point à
quoi en définitive peut donc servir cette science si
considérable du calcul, et quelle est sa raison d'être,
si elle ne rend « en quelque sorte » que les idées
qu'on lui confie?

En second lieu, quand l'auteur dit : Si nous
n'avons que des notions imparfaites ou si l'esprit
ne considère la question que d'un point de vue
borné, ni l'analyse ni le calcul ne lui apporteront
plus de lumière, » on se demande encore s'il nous
est donné d'avoir une seule notion « parfaite » et
si nous pouvons considérer quelque chose que ce
soit autrement que d'un point de vue borné; on se

demande surtout quelle nouvelle lumière pourrait
être apportée par l'analyse et le calcul à une notion
supposée parfaite, à une question considérée déjà
sous un point de vue complet et sans borne.

4. Enfin, le sentiment universel des géomètres
accorde au calcul le privilége de faire ressortir, par
des contradictions inévitables, la fausseté d'une
hypothèse, d'une conception première, tandis que
M. Poinsot met à sa charge le danger de rendre
l'erreur plus durable, en lui donnant, pour ainsi dire,
une sorte de consistance.

5. Mais je reprends cette assertion si grave,
que le calcul ne rend que les idées qu'on lui confie,
pour la contredire par le mémoire même ou l'illustre géomètre la formule. J'y lis en effet ce qui suit
(§ XIX) :

« Du lieu de l'espace où nous sommes confinés,
« nous ne pouvons mesurer que des lignes et des
« angles, et compter le temps qui s'écoule; mais
« il paraît comme impossible de mesurer les masses
« et les moments d'inertie de différents corps
« dont nous ne pouvons approcher, parce que ces
« quantités ne dépendent pas des seules dimensions
« visibles de la figure, mais de la matière dont les

« corps sont composés, ou de la loi de leur densité
« qui nous est entièrement inconnue. Cependant
« s'il arrive que ces corps s'attirent suivant une
« loi quelconque, connue ou inconnue, qui soit
« constante ou même variable avec le temps, nous
« voyons ici qu'il suffira d'observer les distances
« et les mouvements de ces corps, pour décou-
« vrir la proportion qui règne entre leurs masses,
« et même entre leurs moments d'inertie, car les
« observations étant faites à autant d'époques diffé-
« rentes qu'il y a d'inconnues, fourniront toutes les
« équations nécessaires pour les déterminer. »

6. Or, est-il possible d'imaginer un exemple plus
saisissant d'une question envisagée sous un point de
vue borné, et de la puissance du calcul et de l'analyse pure pour ajouter à nos connaissances? Sans
ajouter d'autres exemples, car la science tout entière me semble une protestation contre l'affirma-
tion de M. Poinsot, je ferai la remarque suivante.

7. L'analyse ne se compose point d'un ensemble
formé de conventions arbitraires auxquelles s'ajouteraient leurs conséquences, et le calcul n'est aucu-
nement une science de notations. On doit en analyse distinguer ce qui est l'objet du calcul, des

méthodes et des résultats qu'il fournit, comme en chimie et en histoire naturelle on considère, d'une part, les corps bruts ou animés que ces sciences étudient, mais qu'elles ne créent point, et de l'autre, leurs procédés d'investigation et les résultats qu'elles obtiennent. A la vérité, ces choses, objet du calcul, n'apparaissent point au premier abord avec la réalité objective des minéraux et des animaux ; mais pour avoir un autre mode d'existence, les nombres entiers, par exemple, n'existent pas moins indépendamment de toute convention arbitraire. Et remarquons, pour établir immédiatement entre les deux ordres de connaissances une différence nécessaire et fondamentale, que les diverses quantités qui sont l'objet des mathématiques s'offrent à cette étude et s'y introduisent avec une définition qui les caractérise d'une manière complète, absolue, tandis qu'on ne peut affirmer connaître d'une telle manière les attributs d'un phénomène relatif à un être concret. Cette distinction, sur laquelle a insisté particulièrement M. Chevreul, me paraît de la plus grande importance, et je ne puis que donner mon assentiment sans réserve aux réflexions sur lesquelles l'auteur l'a fondée. Qu'il y ait ensuite une part étendue de libre arbitre dans les procédés mis en œuvre pour découvrir leurs propriétés merveilleuses, nul ne le contestera, mais il est tout aussi incontestable, qu'un problème concernant les nombres entiers offre essentiellement le caractère de nécessité absolue d'une question de chimie ou de physiologie. Que le calcul ne rende que les idées qu'on lui confie c'est vrai, dans le même sens que le laboratoire ne crée ni le potassium ni l'oxygène, quand il reçoit la potasse.

Les rapports de composition de deux ou plusieurs corps, existent antérieurement à la découverte qui nous les révèle comme les propriétés des nombres et des figures dans leurs définitions; dans les deux cas l'objet de notre étude a nécessairement son existence en dehors de nous, et les mathématiques, déjà si étendues, ne nous présenteraient point comme les sciences physiques et naturelles un champ infini de recherches, si notre esprit était le seul et unique auteur de leur objet, comme il l'est des procédés et des méthodes.

RÉFLEXIONS DE M. CHEVREUL SUR LA NOTE
DE M. HERMITE.

1'. Ce serait une grande inconvenance de ma part qu'après avoir désiré de connaître l'opinion de M. Hermite sur un point de mathématique, j'eusse la témérité d'en faire la critique; critique d'autant plus déplacée que sa note éclairant des points qui me paraissaient confus, donne une certitude à des pensées vers lesquelles j'inclinais sans doute, mais sans avoir la conviction de leur exactitude. Cette conformité de manière de voir dont j'ai lieu de me féliciter m'enhardit à lui soumettre quelques réflexions relatives aux objections que lui suscite (3) le premier passage de la statique de Poinsot qu'il cite (1), parce qu'une interprétation peu différente de la sienne me semble en atténuer beaucoup la *gravité*.

2'. En mathémathique, comme en toute science, il y a des hommes de *génie* et des *gens médiocres :* je ne parle pas des esprits *mauvais*, y compris les *esprits faux.*

Les hommes de génie seuls font de grandes découvertes en quoi que ce soit; mais à mon sens aucun homme de génie ne voit TOUTES *les conséquences* logiquement comprises dans ce qu'il a découvert.

Un homme de génie peut être entraîné en mathématique comme en toute autre science à énoncer des aperçus inexacts. C'est cette considération qui ne me fait admettre comme *vérité mathématique* que les propositions auxquelles est acquis l'assentiment des mathématiciens les plus distingués, parce que l'*esprit* de l'*individu-homme* est trop faible pour être infaillible ; je parle donc de l'*humanité mathématicienne.*

3'. Il me semble que les paroles de Poinsot sont en parfait accord avec la distinction que je viens de faire. — Lorsqu'il dit : *Si nous n'avons que des notions imparfaites, ou si l'esprit ne considère la question que d'un point de vue borné, ni l'analyse ni le calcul ne lui apporteront plus de lumières et ne donneront à nos résultats plus de justesse et plus d'étendue.* Évidemment ces paroles ne s'appliquent point au GÉOMÈTRE INVENTEUR, mais au *géomètre médiocre*, et quand il ajoute : *Au contraire, on peut dire que cet art de réaliser en quelque sorte par le calcul de fausses ou de vagues conceptions n'est propre qu'à rendre l'erreur plus durable en lui donnant pour ainsi dire une sorte de* CONSISTANCE, ces paroles concernent le *méchant géomètre* qui, appliquant le calcul d'une manière précise à des choses puériles ou fausses, est tout à fait comparable à un *méchant physicien*, à un *méchant chimiste*, à un *méchant naturaliste*, et Poinsot dit une chose vraie en parlant *de la sorte de consistance donnée* par le calcul à des propositions erronées qui parviennent à des hommes incapables de les dépouiller d'une forme qu'elles ne tiennent pas de la vérité.

4'. Enfin, quand M. Hermite reconnaît si bien l'élévation de l'esprit de Poinsot (5), je dis : Tel est bien le *géomètre inventeur !*

5'. Voilà mon interprétation du passage de Poinsot cité par M. Hermite (1).

6′. M. Hermite dit que *l'analyse ne se compose point d'un ensemble formé de conventions arbitraires auxquelles s'ajouteraient leur conséquence* (7). Je suis parfaitement de son avis. Je ne traiterai jamais d'*arbitraires* ces distinctions définies rigoureusement que nous offre l'étude de la grandeur et qui se prêtent si merveilleusement à des *démonstrations rigoureuses*.

J'admets donc *tous les rapports mathématiques* DÉMONTRÉS RIGOUREUSEMENT comme réels, et ces rapports existent depuis la création; l'homme ne les a pas créés, il les a reconnus : *voilà* la part de l'*observation;* et il les a démontrés rigoureusement : voilà la part de *la raison.*

J'admets la série des nombres entiers, l'existence de la série des courbes et des surfaces dont les degrés sont ces nombre entiers, des transcendantes analytiques qui correspondent à ces courbes et à ces surfaces indépendamment de toute convention arbitraire.

J'admets encore parfaitement que l'étude continue de ces représentations de grandeur clairement définie leur donne dans la pensée une sorte d'existence concrète.

Telles étaient aussi les opinions d'Ampère.

Mais je reconnais le premier qu'il est des esprits qui ne consentiront jamais à admettre cette sorte de *concrétion*, qu'on me permette, comme chimiste, cette expression, de donner une sorte de corps à des *idées absolument abstraites*. L'opinion que j'exprime n'est pas *rationnelle*, à mon sens, mais c'est un fait empirique d'une disposition générale de l'esprit humain.

7' Je me félicite de l'approbation donnée par M. Hermite à la distinction que j'ai établie entre les mathématiques et les sciences, dont l'objet est la connaissance du concret, car l'importance en est extrême pour tous ceux qui se sentent le besoin d'apprécier le degré de certitude de leurs connaissances.

Voyons la différence sur laquelle repose cette distinction conformément à l'esprit du livre de la *Méthode* A POSTERIORI *expérimentale*.

8'. Les mathématiques pures ont pour objet unique l'étude de la *grandeur* : non-seulement tous les signes y sont définis d'une manière précise, mais tous les *attributs* de grandeur qui se rattachent à une question ont une définition absolument complète.

9'. Il en est tout autrement de la connaissance d'un objet concret.

Comme je l'ai dit dans l'ouvrage que je viens de citer,

La connaissance parfaite d'un objet concret exigerait que nous connussions parfaitement chacun des attributs de l'objet.

Or, quelle est la vérité?

Non-seulement beaucoup d'attributs d'un même objet concret nous sont inconnus, mais il serait difficile d'en indiquer, du moins un certain nombre, que nous connussions parfaitement (119, 120, 127).

10′. Quelles sont les conséquences de cet état de choses?

Les voici :

11′. Tant qu'il ne s'agit que de *raisonner* d'après des définitions d'attributs sur la connaissance desquels tout le monde est d'accord, les raisonnements que je suppose *logiques* conduiront à des *conclusions qui ne seront point erronées*. A cet égard les raisonnements aboutissant à la connaissance du concret seront comparables aux raisonnements mathématiques.

12′. Mais ils cesseront de l'être dans les cas que je vais exposer.

13′. Un attribut était inconnu, lorsqu'on a donné les définitions dont je viens de parler (11′); on le découvre; on en reconnait l'influence dans les effets qu'on avait définis sans en tenir compte puisque alors il était inconnu; il s'ensuit donc que les *définitions données antérieurement à cette connaissance sont plus ou moins erronées.*

14′. Une propriété est connue, mais imparfaitement : vraie entre certaines limites, elle donnera lieu à un résultat erroné hors de ces limites.

La loi de Mariotte est exacte jusqu'à certaines limites pour différents gaz, et la limite est en général d'autant plus vite atteinte que la température est plus basse et plus voisine du terme où a lieu la liquéfaction du gaz soumis à l'expérience.

La dilatation des gaz présente un cas analogue ; ce n'est qu'*au-dessus d'une certaine température,* qui peut être différente selon leur espèce respective, que l'uniformité de dilatation se manifeste.

Ces deux exemples démontrent donc les erreurs commises dans les études du *concret* faute d'avoir connu parfaitement la limite où la loi de Mariotte cesse d'être vraie et où l'uniformité de dilatation cesse d'avoir lieu.

30.

15'. Il est donc vrai de dire que les généralités que nous considérons comme des *lois*, des *principes*, des *règles*, des *classifications des êtres naturels en groupes de divers ordres*, concernant les sciences relatives au concret, ne reposent pas sur la connaissance du *tout*, mais sur celle d'une *partie du tout* (120); que dès lors la certitude que ces distinctions, expressions de la science du jour, n'éprouveront pas de la science du lendemain des modifications plus ou moins fortes, nous manque absolument.

Or c'est en cela précisément que gît la différence de la certitude de nos connaissances en mathématiques pures relativement à celles qui concernent les sciences du concret; car les mathématiques pures ne considérant que la *grandeur* exclusivement à tout autre attribut du *concret*, sont à l'*abri absolu* de cette cause d'erreur à laquelle l'étude du *concret* est exposée, toutes les fois que dans le phénomène qu'elle examine, un attribut intervient dont on ne peut tenir compte parce qu'on ne le connaît pas, ou si le connaissant, la connaissance en est imparfaite (13', 14').

16'. La proposition de Buffon et celle de Poinsot sont certainement vraies à ce point de vue que dans *l'étude de la grandeur il n'y a qu'une seule propriété,*

propriété comme, le fait remarquer M. Hermite, d'une extrême fécondité donnant naissance à une multitude de *phénomènes psychiques* que leur variété rend comparables aux phénomènes du monde concret. C'est cette propriété que l'homme a définie et sur laquelle reposent uniquement les calculs des mathématiques pures. Cette fécondité extrême de phénomènes que M. Hermite rattache à l'étude de la *grandeur* avec tant de raison, me rappelle l'alinéa (122) du *livre de la méthode* A POSTERIORI *expérimentale* où comparant les abstractions relatives à la *classification des êtres vivants* avec celles du ressort des qualités morales de l'homme, je dis que celles-ci sont plus nombreuses et plus variées; car l'histoire de ces qualités morales comprend ce qui a trait à la religion, aux lois, à la morale proprement dite, à l'administration, à l'économie politique, aux mœurs et aux passions; et ce *monde moral est tout à fait en dehors du monde extérieur.*

Quant au lettré, poëte ou prosateur, il puise les éléments de ses œuvres dans le *monde moral* et dans le *monde concret;* par la forme sensible qu'il donne à ses personnages, ceux-ci parlent aux sens, et par les sentiments et les passions qu'il leur prête ils parlent à l'âme.

CONCLUSION.

17'. *Dans tout objet concret il y a des propriétés qui nous sont inconnues*, ce n'est donc pas nous qui les y avons mises : de là l'*inconnu*, de là donc cette différence qui tranche si fortement avec la proposition *il n'y a dans les mathématiques que ce que nous y avons mis*, c'est-dire, *le calcul portant sur une seule propriété, la* GRANDEUR !

DEUXIÈME DOCUMENT.

SUR LES DIX PARTIES DU DISCOURS DE LA GRAMMAIRE FRANÇAISE.

1. Loin de moi la pensée de faire une grammaire française; mais après avoir considéré, comme je l'ai fait (75. 76. 77. 78), le *substantif*, l'*adjectif* et l'*adjectif-substantif*, il me semble qu'étendre aux autres parties du discours la manière générale dont j'envisage la science au point de vue du *concret et de l'abstrait*, c'est donner le complément nécessaire de ce que j'ai dit.

Je ne m'explique pas comment la grammaire,

après tous les traités et les dissertations particulières dont elle a été l'objet, après les enseignements nombreux auxquels elle a donné lieu et donne lieu tous les jours, laisse tant à désirer au point de vue de la clarté et de la précision des idées. C'est en lisant, en relisant les traités grammaticaux, qu'il m'a semblé que les sciences qu'on a longtemps qualifiées de *descriptives* et d'*expérimentales* pourraient suggérer des réflexions qui ne seraient point inutiles pour éclairer l'enseignement de la grammaire, et c'est fort de cette pensée que j'ai écrit ce document.

Si l'on m'a compris, on ne me traitera pas, j'espère, de novateur, en ce sens que je ne dis point aux grammairiens : *Changez ce que vous enseignez ;* je cherche, au contraire, en développant ma pensée, à m'appuyer sur plusieurs de leurs écrits, non comme compilateur ou éclectique, mais simplement avec l'intention d'établir une coordination entre les dix parties du discours admises par les grammairiens français.

Si mes idées sont justes, je ne doute pas de leur application aux grammaires particulières, parce qu'en définitive toutes les langues qui comptent des *monuments écrits* ont exprimé des idées qui, dans leur conception, présentent les mêmes rapports essentiels en partant d'une source commune, la pensée de l'homme.

2. Je répartis les dix parties du discours en trois groupes :

A. *Les noms* comprenant. . { Le substantif. / L'adjectif. / Le pronom.

B. *Les verbes* comprenant. . { Le verbe. / Le participe.

C. *L'article*

et les particules comprenant. { L'interjection. / La préposition. / L'adverbe. / La conjonction.

3. En appliquant aux *dix parties du discours* la manière dont j'ai considéré les êtres bruts et les êtres vivants au point de vue du *concret*, et le principe que j'ai posé comme fait, que *nous ne connaissons ces êtres que par leurs propriétés, leurs qualités, leurs rapports, leurs attributs*, l'essence d'aucun d'eux ne nous étant connue, il en résulte que le *substantif* et le *pronom* (sauf le pronom-adjectif) sont les seules parties du discours qui représentent le *concret :*

*Les huit autres parties rentrent donc dans l'*ABSTRAIT.

4. Si je reconnais avec la plupart des grammairiens, et en particulier avec de Sacy, que toute proposition nettement formulée se compose *d'un sujet, d'un attribut et d'un verbe*, il me serait impossible d'en donner en ce moment une démonstration conforme à la manière dont j'envisage le *concret* et l'*abstrait ;* ce n'est donc qu'après l'examen auquel je vais soumettre les dix parties du discours que je reviendrai sur ce sujet (34).

GROUPE **A.**

Substantif.

ARTICLE **1.**

Synonymes (*nom proprement dit* Chevreul, *nom,* Lhomond, de Sacy).

5. On ne peut se faire une idée juste du substantif qu'en l'envisageant au moins sous deux aspects généraux, celui de la *nature des substantifs,* et celui

du *nombre*, ou, en d'autres termes, de l'*unité* et de la *pluralité*.

6. L'idée de substantif présente à l'esprit l'existence dans un être, dans une chose.

1. *Nature des substantifs.*

7. Il existe deux grandes classes de SUBSTANTIFS :

A. des ÊTRES PHYSIQUES et B. des ÊTRES MÉTAPHYSIQUES; les premiers sont palpables et les seconds ne le sont pas.

8. A. SUBSTANTIFS PHYSIQUES (*Matière, corps*).

Ils sont PALPABLES.

Tous possèdent deux propriétés, l'*étendue limitée* et l'*impénétrabilité*.

Corps bruts...
- CORPS SIMPLES... { Soufre, or, argent, fer, etc.
- CORPS COMPLEXES... { Eau. Roche. Pierre. Sable. Terre.

Corps organisés. { PLANTES. ANIMAUX.   Homme.

9. B. Substantifs métaphysiques (*Substances spirituelles*).

Tous sont impalpables.

Ame de l'homme.

Démon.

Ange.

Archange.

Dieu.

II. *Substantifs considérés relativement à l'unité et à la pluralité.*

10. Les corps organisés, plantes et animaux, sont éminemment propres à montrer ce qu'est l'*individu*, puis des *ensembles d'individus* de différents degrés quant aux groupes distinctifs que les naturalistes appellent *espèce, genre, famille, ordre, classe, embranchement* et *règne*.

Les hommes dans les sociétés civilisées se distinguent les uns des autres par le sexe, et chacun d'eux par le nom du père et un prénom qui pour les chrétiens est presque toujours celui d'un saint.

La femme prend le nom de son mari et conserve son prénom de fille.

Il y a autant d'*individus* que d'hommes et de femmes.

11. Les individus qu'il est possible sans erreur sensible de considérer comme sortis d'un même père et d'une même mère, forment le groupe *espèce*.

Les espèces qui se ressemblent entre elles plus qu'aucune d'elles ne ressemble à toute autre, forment un *genre*.

Plusieurs genres forment une *famille* ;

Plusieurs familles forment un *ordre ;*

Plusieurs ordres une *classe ;*

Plusieurs classes un *embranchement ;*

Et *plusieurs embranchements* forment un *règne.*

12. Tout nom qui distingue un individu d'un autre est un *nom propre.*

13. Et tout nom qui exprime un ensemble d'individus différents, comme les mots *espèce, genre, famille, ordre, classe, embranchement* et *règne,* est dit *commun,* ou *appellatif* (de Sacy).

Les mots :

Hutte, cabane, maison, palais, temple,

Hameau, village, bourg, ville, royaume, empire,

Ruisseau, torrent, rivière, fleuve,

Mare, étang, lac, mer,

sont des noms communs.

ARTICLE 2.

Adjectif.

14. Il exprime les propriétés, les qualités, les attributs appartenant aux substantifs.

15. C'est uniquement par l'*adjectif* que nous connaissons le *substantif*.

L'*adjectif* présente une idée simple, et le *substantif* une idée complexe parce que le nom propre de chacun d'eux comprend implicitement toutes les propriétés, qualités, attributs, que le substantif possède.

Les adjectifs bien définis ne présentent qu'une idée; et ne connaissant que des adjectifs dans les substantifs, j'ai défini les *adjectifs* ou les *qualités*, ou les *propriétés*, ou les *attributs*, des *faits*; et comme ces *faits* ne sont parfaitement définis qu'après avoir été exactement isolés de l'ensemble dont ils font partie j'ai appelé les *faits* des *abstractions*.

16. Après qu'on a eu reconnu une *propriété commune* à divers corps ou substantifs, on a donné à cette *propriété* la forme d'un substantif en l'appe-

lant *substantif abstrait*. Or, cette expression est à
mon sens tout à fait vicieuse; évidemment cette
propriété, en revêtant la forme de l'être, n'a pas
changé, elle n'a pas cessé d'être un *attribut*, une
abstraction, un *fait simple*. On doit donc la conserver parmi les *adjectifs* sous la dénomination d'*adjectif-substantif*.

ARTICLE 3.

Pronom.

17. Le pronom, comme le dit son nom, se sub-
stitue au nom d'un substantif pour éviter une répé-
tition de mots qui serait fatigante, et souvent
aurait l'inconvénient d'allonger la phrase.

Le pronom représentant tout ce qui *est*, en d'autres termes *tous les substantifs*, se rattache par là
même au *concret* comme le substantif.

18. On a qualifié d'*adjectifs* plusieurs mots tels
que :

Singulier.		*Pluriel*
Masculin.	*Féminin.*	des deux genres.
mon,	ma,	mes,
ton,	ta,	tes,
son,	sa,	ses,

31.

notre,	notre,	nos,
votre,	votre,	vos,
leur,	leur,	leurs.

En prenant la forme adjective ils ne cessent pas d'appartenir au *concret*, car ils signifient la *possession à moi, à toi, à lui, à nous*, etc.

19. Quant aux *pronoms-adjectifs* dits démonstratifs ils ne rentrent pas dans cette catégorie et je pense avec plusieurs grammairiens qu'il faut les placer parmi les *adjectifs* en les qualifiant d'*indicatifs* ou *démonstratifs*.

GROUPE B.

ARTICLE 4.

Du verbe.

20. Le verbe exprime une relation entre un *substantif* et une *qualité*, une *propriété*, un *attribut* ou une *manière d'être* soit *permanente*, soit *passagère*.

Le verbe, dans toute la généralité du mot, exprime donc l'*être* ou *l'existence* d'un *substantif*.

La *possession* d'une propriété, d'une qualité, d'un

attribut par un substantif, la *manière dont un substantif exerce ou souffre une action.*

21. **Par là même que le verbe exprime la relation
d'un attribut avec le *substantif*, il ne peut appartenir au *concret*, dès lors il appartient à l'*abstrait*.**

22. **Il n'existe à mon sens qu'un seul verbe, le
verbe *être*,** et je regrette, au point de vue philosophique, qu'il ait besoin pour être conjugué du verbe
avoir, et que dès lors il ne soit pas, comme le verbe
esse, *sum*, des Latins, susceptible de se passer de tout
auxiliaire. En réfléchissant à cette prédominance
d'un verbe exprimant l'ÊTRE, l'*existence* d'un substantif chose et personne ! n'est-il pas fâcheux qu'il
ne puisse être conjugué qu'avec le verbe *avoir*, et
que celui-ci dont la signification, quelle qu'en
soit l'importance, ne s'élevant pas à celle du premier
se conjugue pourtant sans auxiliaire, sauf le futur
de l'infinitif qui, comme le verbe *être* lui-même,
est dit *devant avoir!*

Le verbe *être* et le verbe *avoir* servant à conjuguer
tous les autres verbes, on les a nommés tous les
deux *auxiliaires*, et on le conçoit sans peine. Cependant la réflexion me semble ne pas justifier cet
usage à l'égard du verbe *être*, par la raison que le

sens propre du mot *auxiliaire* est la subordination *de ce qui aide à ce qui est aidé ;* et cette idée de subordination ne s'accorde pas avec la prépondérance qu'on accorde au verbe *être* quand on le considère comme *verbe unique.*

23. Les verbes, autres que le verbe *être,* sont toujours *attributifs,* ils comprennent *ainsi le verbe être et l'attribut* dans un seul mot. Par exemple, l'*enfant* JOUE est une expression équivalente à l'*enfant* EST *jouant.*

Mais on se tromperait de croire que le verbe *être* ne peut jamais être *attributif* ; car il l'est réellement dans cette phrase citée par de Sacy : *Dieu* EST *avant tous les siècles.*

Conformément aux idées que je viens d'exprimer je dirai il y a :

Un verbe SIMPLE, ÊTRE, *souvent attributif,*
et
Des verbes COMPLEXES *toujours attributifs.*

24. Jusqu'ici je n'ai point été en désaccord avec de Sacy, et je m'en félicite à cause de la profonde estime que je porte à sa mémoire ; mais on lit, page 9 (1), dix lignes que je vais reproduire textuel-

(1) De ses principes de grammaire générale. **Édition de l'an VIII.**

lement avec l'intention de dire les raisons pourquoi je ne puis les adopter, car leur désaccord avec les opinions qui m'ont fait prendre la plume est évident : « Tout mot qui renferme en lui-même le sens « du verbe *être* et d'un attribut, est donc un verbe. « Je nomme ces verbes *verbes attributifs* ou *con-* « *crets*, parce qu'ils renferment un attribut joint à « l'idée de l'existence. Le verbe *être* qui n'exprime « que l'idée de l'existence avec relation à un attri- « but indéterminé se nom.me *verbe substantif* ou *abs-* « *trait.* »

25. Par la raison que j'admets parfaitement l'expression de *verbes attributifs*, qui fait allusion à l'*adjectif*, et qu'à mon point de vue tout *adjectif* est une *propriété*, une *qualité*, un *attribut*, et en outre que cette *propriété*, cette *qualité*, cet *attribut* fait partie d'un ensemble représenté par un *substantif*, cette *propriété*, cette *qualité*, cet *attribut*, séparé par l'esprit d'un ensemble, est une *abstraction* ; dès lors le mot *attributif* ne peut être l'équivalent du *concret* qui est le *substantif*, dès lors l'union du verbe *être* avec un attribut ne donnera jamais l'idée d'un substantif ou du concret ; mais appliqué à un *substantif*, le verbe attributif exprimera l'existence de ce *substantif* avec l'*attribut* que lui-même indique.

Par la même raison, si j'admets avec de Sacy que le verbe *être* est *abstrait*, je ne peux dire avec lui qu'il est *substantif* puisque ce mot est l'expression du *concret*.

26. Je m'estime heureux de ces observations, quel que soit le jugement qu'on en porte, parce qu'elles montrent clairement que le système d'idées scientifiques que j'applique à la grammaire n'est point irréfléchi, qu'il n'est point banal et qu'il est *précis*, quand il donne clairement les raisons pour lesquelles j'adopte des expressions de Sacy et que je repousse, comme y étant absolument contraires, d'autres expressions qui, selon lui, seraient synonymes des premières.

ARTICLE 5.

Participe.

27. Conformément à son nom, le participe tient de deux mots; du *verbe* et de l'*adjectif:*

1° Du *verbe*; comme lui il peut exprimer l'*être*, l'*avoir*, la *possession*, une *action*, et il a encore le régime du verbe.

2° Il tient de l'*adjectif*, en ce qu'il exprime la qualité d'une personne ou d'une chose.

De Sacy disant qu'il renferme toujours la valeur d'un adjectif-conjonctif, il peut avoir comme les adjectifs des genres, des nombres, des cas; et renfermant toujours l'idée d'existence, il peut avoir des temps.

GROUPE C.

ARTICLE 6.

Article.

28. L'article se met devant les *noms appellatifs* pour en faire connaître le genre et le nombre.

Il restreint aussi le sens du *nom appellatif* qui le suit.

PARTICULES.

29. Les quatre parties du discours appelées *particules* ont pour caractère l'*invariabilité*. En cela elles se distinguent de l'*article*, partie du discours de la grammaire française dont je viens de parler, qui est essentiellement *déclinable* pour se lier aux *noms appellatifs* et aux *adjectifs-substantifs* qui ne le sont point.

ARTICLE 7.

Interjection.

30. L'interjection est un mot qui exprime, non une pensée de l'homme, mais une *sensation* qu'il éprouve, et même un *sentiment*; tel est le mot *hélas!*

ARTICLE 8.

Préposition.

31. Elle exprime le rapport de deux mots qu'elle sépare; le premier mot s'appelle *premier terme* ou *antécédent*, et le second s'appelle *deuxième terme* ou *conséquent* ou *complément* ou *régime*, et la préposition interposée s'appelle *exposant*.

ARTICLE 9.

Adverbe.

32. L'adverbe n'a point de régime et se joint à un verbe ou à un adjectif pour en déterminer la signification.

De Sacy a raison de dire que l'adverbe ne diffère pas essentiellement de la préposition, et il a raison encore contre Court de Gébelin, lorsqu'il dit que l'adverbe modifie l'attribut et non le verbe. Ainsi, dans cette phrase, *il peint supérieurement,* c'est comme si l'on disait : *il est peignant supérieu-rement.*

ARTICLE 10.

Conjonction.

33. Elle sert à joindre une proposition à une autre proposition, et même un mot à un autre, comme *frère* ET *sœur.*

Elle établit un rapport entre deux propositions, entre deux mots ; elle agit alors comme exposant de ce rapport à l'instar de la *préposition* exposant d'un rapport existant entre deux noms ou un verbe et un nom.

CONCLUSIONS FINALES.

34. J'ai dit précédemment (4) qu'après l'examen des dix parties du discours que compte la grammaire française, je reviendrais sur l'expression grammaticale de *proposition,* définie par de Sacy; un assemblage de mots, composé essentiellement de trois éléments, le *sujet,* l'*attribut* et le *verbe.*

De Sacy, en définissant le *sujet* (*) *la* chose *à laquelle nous pensons,* admet implicitement, à mon sens, que le *sujet* est un substantif qui peut être *matériel* aussi bien que *spirituel.*

Cela posé, comme je n'admets comme *concret* que le *substantif,* et le *pronom* son équivalent; toutes les autres parties du discours sont des *abstractions.*

(*) Dans ses Principes de grammaire générale. Paris, an VIII (1799).

35. Maintenant quels sont les éléments de nos connaissances?

Des *faits*, et les *faits* sont des *abstractions* (15) parce qu'ils résultent de l'opération appelée *analyse* à laquelle l'esprit soumet tout objet qu'il veut connaître, obligé qu'il est de l'étudier dans chacune de ses parties; or ces parties appartiennent à un *ensemble*, et une fois que l'esprit les en a séparées, elles sont justement appelées des *abstractions*.

Les conséquences de cette manière de voir sont que *le* CONCRET *ne nous est connu que par l'*ABSTRAIT.

36. Les propriétés, les qualités, les attributs, du domaine de l'adjectif, rentrent dans l'*abstrait*.

Le *substantif abstrait*, que je nomme *adjectif-substantif*, rentre pareillement dans l'abstrait (16).

37. L'existence, la possession, l'action, relativement aux substantifs, exprimant des manières d'être, de posséder, d'agir, de ces substantifs, domaine du *verbe*, rentrent dans l'*abstrait*.

38. Les rapports du participe avec le verbe et l'adjectif, rentrent évidemment aussi dans l'*abstrait*.

39. Les rapports de l'interjection avec l'homme sont tout à fait *abstraits*.

40. Il en est de même de la signification de l'article à l'égard des *noms appellatifs* et des *adjectifs-substantifs*.

41. Les rapports de la préposition avec le substantif et le pronom sont aussi du domaine de l'*abstrait*.

42. Les rapports de l'adverbe avec le verbe et l'adjectif sont dans le même cas.

43. Enfin la conjonction servant de liaison soit entre des mots, soit entre des propositions, et quelquefois établissant de vrais rapports entre celles-ci, est du domaine de l'abstrait.

44. Il est encore incontestable que les *noms appellatifs* s'appliquant à des ensembles de substantifs, de choses auxquels on reconnaît plus ou moins de propriétés, de qualités, de rapports communs, d'analogie, de ressemblance, sont encore des *expressions abstraites*, quoique appliquées à des ensembles de *substantifs*.

45. Enfin les mathématiques pures consacrées à l'étude de la seule propriété du *concret* appelée la *grandeur* se composent entièrement de *connaissances abstraites*, comme le document précédent le montre clairement.

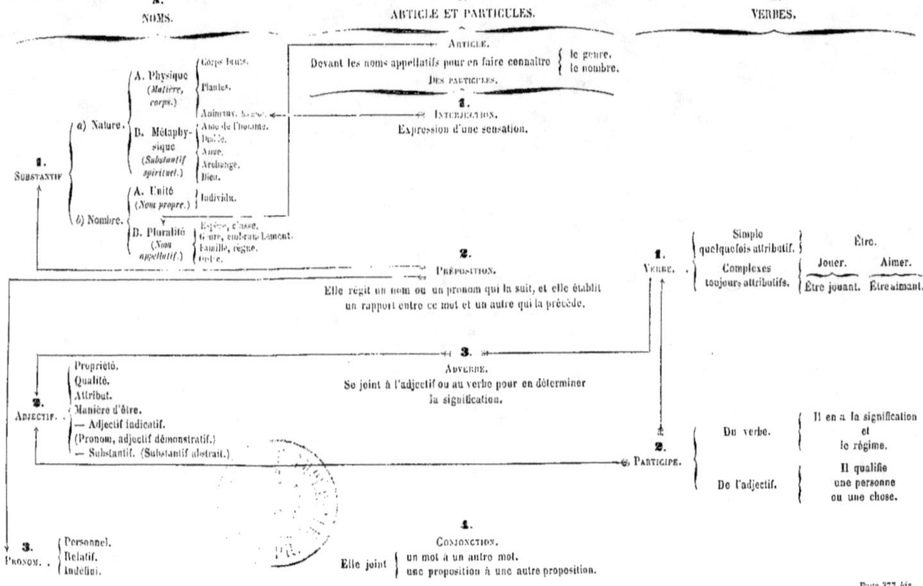

A.
NOMS.

C.
ARTICLE ET PARTICULES.

B.
VERBES.

1.
SUBSTANTIF
a) Nature.
A. Physique (Matière, corps.)
Corps bruts.
Plantes.
Animaux, homme.
B. Métaphysique (Substantif spirituel.)
Ame de l'homme.
Dualité.
Ange.
Archange.
Dieu.
b) Nombre.
A. Unité (Nom propre.)
Individu.
B. Pluralité (Nom appellatif.)
Espèce, classe.
Genre, embranchement.
Famille, règne.
Ordre.

ARTICLE.
Devant les noms appellatifs pour en faire connaître { le genre. le nombre.

DES PARTICULES.

1.
INTERJECTION.
Expression d'une sensation.

2.
PRÉPOSITION.
Elle régit un nom ou un pronom qui la suit, et elle établit
un rapport entre ce mot et un autre qui la précède.

3.
ADVERBE.
Se joint à l'adjectif ou au verbe pour en déterminer
la signification.

4.
CONJONCTION.
Elle joint { un mot à un autre mot. une proposition à une autre proposition.

1.
VERBE.
Simple quelquefois attributif. } Être.
Complexes toujours attributifs. } Jouer. Aimer.
Être jouant. Être aimant.

2.
PARTICIPE.
Du verbe. { Il en a la signification et le régime.
De l'adjectif. { Il qualifie une personne ou une chose.

2.
ADJECTIF.
Propriété.
Qualité.
Attribut.
Manière d'être.
— Adjectif indicatif.
(Pronom, adjectif démonstratif.)
— Substantif. (Substantif abstrait.)

3.
PRONOM.
Personnel.
Relatif.
Indéfini.

Page 377 bis.

TROISIÈME DOCUMENT.

CONCERNANT LE SYSTÈME MÉTRIQUE; PAR M. CHEVREUL.

Précédé de la présentation à l'Académie des Sciences de l'ouvrage SUR LA MÉTHODE A POSTERIORI EXPÉRIMENTALE ET SUR LA GÉNÉRALITÉ DE SES APPLICATIONS.

§ I.

AVANT-PROPOS.

1. L'origine de ce troisième document est accidentelle. Un rapport fait à l'Académie des sciences le 23 d'août 1869 m'a suggéré l'idée de l'écrire; frappé vivement de la liaison de plusieurs propositions relatives au mètre qui s'y trouvent énoncées, avec ma manière d'envisager la *méthode* A POSTERIORI *ex-*

périmentale, je demandai la parole à peine la lecture terminée, afin d'exprimer mon adhésion aux propositions que je venais d'entendre ; mais convaincu de la faible importance que l'Académie attache à mes opinions, je crus devoir justifier ma témérité, en ajoutant que la raison de mon adhésion se trouverait expliquée dans un ouvrage dont je lui ferais bientôt hommage, de sorte que mon adhésion était un acte bien réfléchi et non articulée légèrement.

Personne n'ayant pris la parole après moi, les conclusions du rapport furent votées à l'unanimité.

Voilà l'énoncé de ce qui s'est passé dans la séance du 23 d'août 1869.

2. Maintenant, le compte rendu de cette séance, loin d'être conforme à cet énoncé y est absolument contraire, car il dit :

« Après avoir entendu la lecture de ce rapport, « l'Académie en adopte les conclusions à l'unani- « mité. »

« M. Chevreul prend *ensuite* la parole et s'exprime « en ces termes : (Voir plus bas, alinéa 13.)

3. Eh bien ! reconnaissant le premier mon peu d'autorité dans l'Académie, je ne veux pas que mes collègues, APRÈS *un vote unanime* de la docte assemblée,

me prêtent l'intention d'avoir demandé la parole avec
l'arrière-pensée de leur apprendre quelque chose,
prétention trop ridicule de ma part pour que je ne
la repousse pas en faisant appel à la vérité de ce qui
s'est passé contrairement à ce que dit le compte
rendu de la séance.

En définitive :

1° Un rapport a été lu;

2° J'ai demandé la parole pour y donner ma
pleine adhésion en renvoyant le motif de mon jugement à un ouvrage que je présenterais prochainement
à l'Académie;

3° Le rapport a été mis aux voix, et les conclusions en ont été adoptées à l'unanimité.

4. Le document qu'on va lire est la reproduction
fidèle de l'écrit que j'ai présenté à l'Académie dans
sa séance du 18 d'octobre 1869; il est imprimé dans
le compte rendu de cette séance (n° 16), et c'est à
cause de l'erreur que je viens de signaler dans le
compte rendu de la séance du 23 d'août, que je le
reproduis ici sans changement.

J'acquitte une dette de reconnaissance en remer-
ciant l'honorable collègue qui m'a conseillé d'écrire
cet avant-propos.

§ II.

PRÉSENTATION DE L'OUVRAGE A L'ACADÉMIE.

5. L'ouvrage que j'ai l'honneur de présenter à l'Académie est l'exposé de la *Méthode* A POSTERIORI *expérimentale* à laquelle toutes mes recherches et mes écrits ont été subordonnés.

Quel en est le résultat final?

C'est que les sciences mathématiques pures seulement comportent un enseignement qui, *dans son ensemble*, peut être considéré comme absolu, parce qu'il repose sur des axiomes, et sur des propositions, des théorèmes susceptibles de démonstrations rigoureuses, d'où la conséquence que l'enseignement des mathématiques pures fidèlement donné ne peut exposer à l'erreur l'élève auquel il s'adresse.

6. Que l'on prenne maintenant en considération l'enseignement des sciences qui ont pour objet la connaissance du *concret*, la chimie, la physique, la géologie, la botanique, la zoologie, l'anatomie et la physiologie, et *a fortiori* la minéralogie, l'agricul-

ture et la médecine, qui ne se composent que d'é-
léments empruntés aux sciences que je viens de
nommer et aux mathématiques, et l'on verra que
tout être qui est *concret* ne nous est connu que par
ses *attributs* ou en d'autres termes par ses propriétés et les *rapports que peuvent avoir ces propriétés les
unes avec les autres :*

Et dès lors nous pouvons affirmer sans craindre
aucune objection fondée :

1° Qu'il n'y a pas un *seul être concret* dont nous
puissions avec certitude dire que nous connaissons
tous les attributs (propriétés, qualités, rapports).

2° Qu'il n'est *aucun attribut principal* aux yeux
de la science que nous puissions dire *avec assurance
connaître parfaitement.*

3° Que dans cet état de choses, ce que nous appelons *généralités, principes, lois,* expressions abstraites de la science actuelle, reposent sur la connaissance de la *partie* et non sur la connaissance du
tout.

Des propositions précédentes découlent les conséquences suivantes :

7. Dans l'état de nos connaissances les *généralités,*
les *lois,* les *principes* relatifs au concret ne peuvent
être considérés comme *vrais* qu'à la condition de ne

point se trouver en désaccord avec les découvertes futures, soit que ces découvertes concernent de nouveaux attributs, soit qu'elles concernent des attributs que nous ne connaissions auparavant que d'une manière imparfaite.

8. Parmi les connaissances qui se rattachent au *concret*, peut-on en citer une qui ait l'assentiment des savants les plus habitués par la branche des connaissances qu'ils cultivent, à inspirer au public le plus de confiance quant à la précision des résultats auxquels ils arrivent, de sorte qu'on les croit, quand ils affirment la certitude d'une *loi du monde concret ?*

Je réponds affirmativement en citant la *loi de la gravitation*.

Et en affirmant que les découvertes futures ne les changeront pas, je pense que personne ne me fera d'objection à laquelle je m'exposerais incontestablement en soutenant l'opinion contraire, car la certitude de la loi résulte de l'accord des travaux multipliés qui y ont conduit et de celui des travaux ultérieurs qui l'ont confirmée de la manière la plus heureuse en en étendant encore la généralité.

9. Mais si ces travaux de l'ordre le plus élevé mon-

trent de la manière la plus évidente la sublimité de la science du calcul qui aboutit au *concret*, en découvrant les lois du mouvement des masses des corps célestes, ne perdons pas de vue qu'aux distances où ces *corps* célestes agissent, ils n'agissent que par *leurs masses respectives*, de sorte que les phénomènes si complexes et si variés qui ne se manifestent à nous qu'au contact apparent de la matière et qui portent à la fois sur l'*état d'agrégation* de ce que nous appelons *atomes* ou *molécules*, et sur leurs *propriétés chimiques et organoleptiques*, n'ont aucune influence dans les actions qui sont du ressort de la mécanique céleste.

10. Parmi des phénomènes moins simples que ceux qui concernent la gravitation, il en est un certain nombre du domaine de l'optique, *la loi de la réflexion de la lumière* par exemple, qui semblent bien ne pas recevoir de modifications des travaux futurs.

11. Mais il en est tout autrement des connaissances chimiques, et surtout de celles qui concernent l'histoire des êtres vivants; à la vérité la question que je me propose de traiter n'a point cette complication puisqu'elle est restreinte à l'examen critique de l'histoire du mètre fait conformément à l'esprit du livre que j'offre à l'Académie.

§ III.

EXAMEN CRITIQUE DE L'HISTOIRE DU MÈTRE.

12. Après avoir parlé de la différence existant entre les mathématiques pures et les sciences du *concret*, conformément à la définition du mot *fait*, à celle de la *méthode* A POSTERIORI *expérimentale*, et encore conformément à la *distribution des sciences du domaine de la philosophie naturelle* imprimée dans les mémoires de l'Académie (tome XXXV), je viens aujourd'hui réaliser l'intention que j'ai exprimée dans la séance du 23 d'août 1869 après la lecture du rapport fait au nom d'une commission composée de MM. Élie de Beaumont, Mathieu, Morin, Regnault, Leverrier, Faye, et Dumas, rapporteur.

13. J'ai dit à cette occasion :

« Après avoir entendu le rapport qui vient d'être
« lu sur le système métrique français, j'éprouve la
« plus vive satisfaction, et je m'empresse d'autant
« plus d'y donner ma pleine adhésion que prochai-
« nement je ferai hommage à l'Académie d'un ou-
« vrage sur la *Méthode* A POSTERIORI *expérimentale* et

« sur *ses applications*. On verra que c'est sur la base
« même de cet ouvrage que repose l'adhésion que je
« je suis si heureux de donner à la conclusion du
« rapport et à l'esprit qui l'a dicté. »

14. Depuis la séance où ces paroles furent prononcées, des observations sur le rapport du 23 d'août ont été adressées à l'Académie, et deux de ses membres, juges compétents dans la question, y ont répondu. Je dis *juges compétents*, parce qu'en venant après eux, je reconnais mon incompétence sur le fond de la discussion. Ce n'est donc pas comme géomètre, ni même comme physicien, que je veux parler, mais simplement avec l'intention d'appliquer à l'*histoire du système métrique*, un EXAMEN CRITIQUE *conforme à la méthode dont l'ouvrage que j'offre à l'Académie est le sujet, examen d'après lequel je motive l'adhésion que j'ai donnée aux conclusions du rapport et à l'esprit qui l'a dicté.*

15. Le premier savant français qui proposa à l'Académie des sciences de prendre une unité de mesures dans la nature, est Brisson. Le 14 d'avril 1790, il lut un mémoire intitulé : *Essai sur l'uniformité des mesures, tant linéaires que de capacité et de poids, et sur*

une nouvelle manière de construire les toises destinées à servir d'étalon (1).

Brisson donne son mémoire comme le résultat des réflexions qu'il a faites après que M. l'évêque d'Autun a eu proposé à l'Assemblée nationale de rendre uniforme dans tout le royaume les poids et les mesures.

Brisson ne reconnaît dans la nature de *longueur constante* que celle du pendule pour un lieu déterminé, et de *poids invariable*, pour un volume déterminé à une température donnée, que celui de l'or à 24 karats, ou de l'argent à 12 deniers, ou encore de l'eau distillée à laquelle, en définitive, il donna la préférence.

Brisson ajoute que la longueur du pendule varie suivant les différentes latitudes et qu'il est nécessaire de faire usage de celle d'une latitude déterminée, qu'il lui paraît indifférent de choisir l'une ou l'autre, pourvu qu'elle *soit bien connue.* « On a pro « posé, dit-il encore, de choisir pour mesure élé- « mentaire la longueur du pendule qui bat les se- « condes à 45 degrés de latitude, mais *cette longueur* « *n'a été que calculée; il faudrait la connaître par l'ex-*

(1) Ce mémoire est imprimé dans le Recueil de l'Académie, portant en titre : Année 1788. La date de l'impression est 1791.

« *périence*, ce qui exigerait un travail long et péni-
« ble... Enfin, pourquoi ne prendrait-on pas pour
« mesure la longueur du pendule qui bat les secon-
« des à Paris? Celle-ci est bien connue; elle a été
« déterminée par des expériences rigoureuses faites
« par M. de Mairan. Elle ne diffère que très-peu de
« celle du pendule à 45 degrés (de latitude). Ce choix
« épargnerait beaucoup de temps, de travail et de
« dépenses. »

16. La longueur de la *mesure élémentaire* proposée
par M. Brisson était 3 pieds 0 pouce 8 lignes $\frac{17}{30}$.

17. Faisons deux remarques sur la proposition de
Brisson :

1º La *mesure élémentaire* qu'il propose est conforme à l'opinion de la prendre dans la nature ; elle
est déduite d'un phénomène dépendant de la pesanteur susceptible d'être mesuré d'une manière
précise.

2º Cette *mesure* n'est point à reconnaître : déterminée en 1735 par Mairan, c'est la longueur du
pendule qui bat la seconde à la latitude de Paris.

18. On voit conformément aux idées du petit livre
sur la méthode que j'ai rappelée au commencement
33.

de ma communication, que la *proposition de Brisson* est en accord parfait avec la manière dont j'envisage la *méthode* A POSTERIORI; car il ne propose pas en principe de rechercher une *grandeur* qu'on ne connaît point encore, il propose une *grandeur parfaitement déterminée* à son sens qui est celle d'un phénomène naturel.

J'ajoute que Brisson proposait que la longueur du pendule qui bat la seconde à Paris devînt l'élément de toutes les mesures linéaires, et que du pied cube, qui lui-même tire sa mesure de cette longueur, dérivassent toutes les mesures de capacité, tandis que les poids seraient déterminés par celui du nouveau pied cube d'eau (1).

19. La commission des poids et mesures qui vint après Brisson préféra à la longueur du pendule à seconde pris à la latitude de Paris, *la dix-millionième partie du quart du méridien de Paris.*

20. Après avoir parlé de mon incompétence pour traiter le fond de la question du *système métrique*, je me garderai bien d'émettre une opinion en faveur de la *mesure élémentaire* la plus convenable, mais

(1) Mémoire de l'Académie, année 1788, page 725.

conformément à la manière dont je viens d'envisager la *proposition de Brisson* comme *rentrant dans la méthode* A POSTERIORI, je me permettrai d'ajouter que la commission qui pose en principe que la *mesure élémentaire* est la dix-millionième partie du quart du méridien de Paris, procéda par la *méthode* A PRIORI, puisque cette *mesure élémentaire* devait être déduite d'une grandeur qui, aujourd'hui même, n'est point déterminée d'une manière rigoureuse, sans qu'on se fût préoccupé des difficultés qui pouvaient se présenter lors de son exécution.

21. Eh bien, ces difficultés se sont présentées; elles sont réelles, on ne les prévoyait pas, je les résume comme faits accomplis dans les diverses grandeurs proposées à diverses époques pour le *mètre* représenté par la dix-millionième partie du méridien de Paris.

Une loi du 18 de germinal de l'an III (7 d'avril 1795) fixe la longueur du mètre *provisoirement* à 3 pieds, 11 lig., 442.

Une loi du 6 de messidor de l'an VIII (25 de juin 1800) le fixe à 3 pieds 11 lig. 296, — la différence est — 0,146.

C'est cette longueur fixée en l'an VIII qui fait

loi en France et que représente un *mètre prototype déposé aux archives*.

22. De 1836 à 1840, Puissant signala une erreur de calcul dans la *distance méridienne* de Montjouy à Formentera. L'erreur corrigée, il porta la longueur du mètre conformément à ses calculs à 3 pieds 11 lignes 375.

23. Enfin, en 1841, Bessel évalua le quart du méridien à 10000856 mètres au lieu de 10000000 admis par la commission des poids et mesures.

24. Quelle conclusion vais-je tirer des faits que je rappelle?

Exactement celle de la commission.

Exactement celle de l'Académie.

Non-seulement il y a tout avantage à *conserver le mètre tel qu'il a été fixé par la loi de l'an VIII;* mais il y aurait le plus grave inconvénient à instituer une commission internationale pour le modifier, soit qu'elle voulût en faire absolument la dix millionième partie du quart du méridien de Paris, soit que renonçant à cette modification, elle en cherchât tout autre. Je vais exposer la raison que j'ai de rejeter ces deux modifications.

25. A. *Motif de ne pas modifier le mètre en attendant la mesure* ABSOLUE *du quart du méridien de Paris.* —Sans doute il eût été désirable que le *mètre légal* de l'an VIII fût l'expression exacte de la dix-millionième partie du quart du méridien de Paris, mais cela n'étant pas, il faut le reconnaître, et en profiter pour l'avenir comme fait accompli propre à montrer la *difficulté qu'il y a de réaliser parfaitement une idée applicable au concret telle que l'esprit l'a conçue.*

Pénétré de cette vérité, je dis avec l'Académie : Conservons le *mètre légal* dont l'usage ne peut donner lieu à aucune erreur dans la science, et dont l'idée qui a présidé à son établissement a été si heureusement développée en le prenant comme *radical des mesures de surface, de capacité et de poids.*

Si quelque jour on arrive à connaître la *longueur absolue* du quart du méridien de Paris, du pôle nord à l'équateur, probablement sa dix-millionième partie sera un peu plus grande que le *mètre légal,* mais cette différence reconnue et fixée, le but des savants de la *commission des poids et mesures* sera atteint en ce sens que le *mètre légal aura un rapport absolument précis avec une grandeur naturelle déterminée, celle du méridien de Paris.* Seulement ce rapport n'en sera pas exactement un dix-millionième, mais il en sera très-rapproché.

Certes, il y aurait bien des inconvénients pour la société et pour la science que l'on ne s'expliquât pas aujourd'hui nettement sur la conservation du *mètre légal*; car laisser croire que le *mètre actuel* n'est que *provisoire*, serait troubler la sécurité de toutes les transactions commerciales, surtout quand on tient compte de l'adoption qu'en ont faite plusieurs nations de l'Europe et de l'Amérique.

D'ailleurs avec l'expérience du passé, en considérant la distinction que j'ai faite quant à *la certitude entre les résultats des mathématiques pures et ceux de l'étude du concret*, *l'absolu* dans la question du mètre rapporté à la mesure du quart du méridien me paraît un *idéal si éloigné de la réalité* que mon vote a été en faveur du rapport de la commission. Et pour dire toute ma pensée, si avec l'expérience que j'ai aujourd'hui, j'eusse eu à émettre une opinion dans les dix dernières années du dix-huitième siècle, sans rien affirmer pourtant, j'aurais pu me prononcer en faveur du *mètre représentant la longueur du pendule donnant la seconde à Parïs*, mais certes je n'aurais pas voté *à priori* pour prendre la dix-millionième partie du quart du méridien de Paris qui n'était point déterminée d'une manière absolue et qui ne l'est même point encore en ce moment.

26. B. *Motif de rejeter le* MÈTRE QUALIFIÉ D'EUROPÉEN *proposé par la conférence géodésique réunie à Berlin en 1867. (7e et 8e propositions.)*

« La longueur de ce mètre européen, » je copie textuellement, « devrait différer aussi peu que pos-« sible de celle du mètre des archives de Paris. »

Si cette phrase est une politesse à l'adresse des auteurs du système métrique, comme Français, j'en remercie les membres de la conférence géodésique de Berlin; mais comme logicien, je n'en comprends pas le sens, et voici pourquoi :

M. Jacobi, fort de l'opinion de l'illustre Bessel, *déclare l'impossibilité que dorénavant le monde savant revienne à la recherche de mesures soi-disant absolues et naturelles.*

D'où je conclue que le *mètre européen* ne serait point dans ce cas, et qu'en cela il ressemblerait au *mètre de l'an VIII,* qui n'est pas, en réalité, la dix-millionième partie du quart du méridien de Paris.

Dans cet état de choses, pour que la *conférence géodésique de Berlin* projette de remplacer le *mètre de l'an VIII,* c'est qu'elle le trouve défectueux.

Eh bien! le trouvant tel, *je ne comprends* pas la phrase, *ce* MÈTRE EUROPÉEN *devrait différer aussi peu que possible du mètre de l'an VIII!*

En définitive, pour que j'eusse compris la *pro-*

position de la conférence, il eût fallu dire en quoi le mètre de l'an VIII est défectueux, sans ajouter que le *mètre européen* devrait en différer aussi peu que possible !

Conclusion.

D'après les motifs précédents, il y a nécessité, conformément au rapport fait à l'Académie, de conserver le *système métrique*.

Depuis soixante-neuf ans l'usage continu qu'on en a fait en France n'a présenté que des avantages au double point de vue de la science et des transactions sociales ; et c'est parce que différents peuples ont été convaincus de ces avantages qu'ils l'ont adopté sans hésitation.

Mais tout contraire que je suis à l'établissement d'un *mètre européen différent du mètre de l'an VIII*, j'émets le vœu qu'une commission internationale s'occupe de multiplier les *mesures prototypes* en s'éclairant de toutes les lumières de la science actuelle, pour leur donner la plus grande exactitude et les fabriquer aux moindres frais possibles afin d'en répandre partout l'usage.

Si j'ai abusé du temps de l'Académie en parlant d'un sujet auquel je suis si absolument étranger, je me plais à croire qu'elle me permettra d'atténuer ma faute en reproduisant un passage de la *Nouvelle description géométrique de la France*, par Puissant.

« L'incertitude qui reste encore sur la véritable
« longueur du quart du méridien terrestre, malgré
« la précision des mesures géodésiques mises en
« comparaison, ne doit affaiblir en rien l'intérêt
« que les savants attachent à la possession d'une
« unité linéaire représentant la dix-millionième
« partie de cette longueur, parce que, en définitive,
« le mètre *légal* est censé dériver d'un ellipsoïde de
« révolution dont la surface s'écarte le moins pos-
« sible de celle du globe terrestre. D'ailleurs notre
« système métrique, si remarquable par sa simplicité
« et d'un usage si commode dans les transactions
« commerciales, est une de ces réformes utiles que
« la postérité ne peut manquer d'accueillir avec
« reconnaissance; et il y a lieu d'espérer qu'il y pas-
« sera sous toute sa pureté originelle, puisqu'une loi
« rendue dans la session de 1837 rejette les dénomi-
« nations et subdivisions anciennes qui avaient été si
« mal à propos appliquées à la plupart des mesures
« nouvelles et tolérées dans les actes publics. »
(2ᵉ partie, page 609, Paris, 1840.)

Ce passage est d'autant plus remarquable qu'il

suit immédiatement la conclusion où l'a conduit la correction de la distance méridenne de Montjouy à Formentera.

D'après deux corrections, la longueur du mètre provenant des mesures de France, d'Angleterre et du Pérou serait de . . . . 3 11,375. (pieds lig.)

Mais la longueur légale étant de. . . . . 3 11,296.

La différence est de. . . . . 0 00,079.

En rappelant que le travail de Puissant a précédé celui de Bessel, en considérant que si quelqu'un était en droit, d'après ses travaux, de déclarer en France que le *mètre actuel* ne devait être que *provisoire* et non *définitif*, c'était l'homme dont le nom lié indissolublement à la géodésie moderne honora l'Académie par des travaux aussi savants que consciencieux et par un caractère aussi digne que modeste, qualités qui ont été si bien appréciées d'ailleurs dans l'éloge qu'a fait de notre ancien confrère M. le secrétaire Élie de Beaumont. Or, lorsqu'une autorité aussi compétente en géodésie que Puissant a conclu il y a trente ans à la conservation du mètre de l'an VIII, on voit que cette opinion a été constamment celle de l'Académie. »

TABLE DES MATIÈRES.

Dédicace.

Introduction et historique. . . . .   1 à 10

Division de l'ouvrage. . . . . 11 à 18

PREMIÈRE PARTIE DE L'OUVRAGE.

De la méthode à posteriori expérimentale.. . . . . . 19 à 85

Chapitre 1. — De l'analyse et de la synthèse considérées relativement à la méthode à posteriori
expérimentale. 19 à 27

Chapitre 2. — De l'analyse et de la synthèse en
chimie. Définition du mot fait. . . . . 29 à 34

Chapitre 3. — De la distinction des propriétés des
espèces chimiques, en propriétés physiques, propriétés chimiques et propriétés organoleptiques.
De la distinction de la chimie d'avec la physique. . . . . 35 à 41

Chapitre 4. — Des propriétés physiques et des propriétés chimiques qui sont susceptibles d'être étudiées aux points de vue absolu, relatif et corrélatif. . . . . 43 à 52

CHAPITRE 5. — Classification des plantes et des animaux. . . . . 53 à 71

    A. Méthode naturelle en botanique. 58

    B. Méthode naturelle en zoologie. 64

CHAPITRE 6. — Application à la géologie, à la botanique, à la zoologie, à l'anatomie et à la physiologie, de la manière dont la chimie et la physique ont été précédemment envisagées comme parties d'une même science. . . . . 73 à 78

CHAPITRE 7. — L'anatomie, la physiologie, la médecine, comparées, ne sont pas des sciences finies. Les conclusions auxquelles conduisent les études comparées relatives à la structure et aux fonctions des organes sains ou malades de l'homme et des animaux doivent être ramenées à chacune des espèces dont les individus ont été examinés. . . . . 79 à 85

DEUXIÈME PARTIE.

Applications des vues de la première partie à l'enseignement et à différents faits sociaux. . . . . 87 à 149

  SECTION 1.—Applications relatives à l'enseignement. 89

CHAPITRE 1. — De la manière dont les êtres concrets ont été envisagés dans la première partie, étendue aux mots de la grammaire, le substantif, l'adjectif, le substantif abstrait. . . . . 89 à 94

Annexe. . . . . 95 à 96

CHAPITRE 2. — De différents mots du langage usuel auxquels l'idée de corrélation est applicable. . . 97 à 99

Chapitre 3. — Différence qu'il peut y avoir, quant à la clarté du sens, entre la définition d'une propriété qui est toujours une abstraction et la définition des êtres concrets auxquels cette propriété est appliquée comme caractère. . . . . . . 101 à 108

Chapitre 4. — Du principe de l'association des idées dans l'enseignement. . . . . 109 à 119

Chapitre 5. — Expériences propres à montrer comment nous sommes exposés à l'erreur dans les jugements concernant des choses que nous croyons *absolues*, tandis qu'elles sont relatives. 121 à 125

Section 2. — Applications relatives à des faits sociaux. 127

Chapitre 1. — Considérations générales servant d'introduction. . . . . 127 à 131

Chapitre 2. — De la difficulté d'appliquer au concret les caractères distinctifs de la méthode naturelle et les articles d'une loi.. . . . . 133 à 141

Article 1. — Difficulté que présente la méthode naturelle.. 134

Article 2. — Difficulté que présente l'application de la loi dans les procès civils. 137

Chapitre 3. — Cause d'opinions fréquemment reproduites dans la conversation, donnée par l'étude du concret et de l'abstrait, telle qu'elle est faite dans cet ouvrage . . . . 143 à 149

TROISIÈME PARTIE.

Applications finales à l'enseignement considéré au point de vue le plus général. . . . . 151 à 337

Introduction. . . . . 151 à 154

Chapitre 1. — Revue des méthodes spéciales qui

ont guidé l'auteur dans les recherches dont cet ouvrage est la conclusion. . . . . 155 à 281

PREMIER GROUPE. — *Recherches chimiques.* 157

§ 1. Observations relatives à l'exécution de manipulations et à l'emploi des réactifs qui intéressent la chimie de recherche. 157

ARTICLE 1. — Réactifs colorés. 158

ARTICLE 2. — Altérabilité du verre par l'eau et altérabilité du verre-cristal par les réactifs alcalins. 160

ARTICLE 3. — De l'usage de l'alcool et de l'éther dans l'analyse organique immédiate. 161

ARTICLE 4. — De l'usage de la potasse et de la soude, préparées à l'alcool, comme réactifs. . . 162

ARTICLE 5. — Essais en petit pour rechercher la présence de divers corps dans les matières organiques. 163

ARTICLE 6. — De la recherche de la partie minérale des composés organiques par l'incinération. 164

ARTICLE 7. — Reconnaître le gaz sulfhydrique dans un mélange gazeux où il ne se trouve que dans une faible proportion. 165

§ 2. *Diverses séries de recherches chimiques.* 167

ARTICLE 1. — Série de recherches sur les matières colorantes. 167

ARTICLE 2. — Série de recherches sur les matières astringentes naturelles. 170

ARTICLE 3. — Série de recherches sur les matières astringentes artificielles. 171

ARTICLE 4. — Recherches sur les matières grasses. 183

§ 3. Méthode des lavages successifs. 189

§ 4. Compositions équivalentes. 193

§ 5. Définition de l'espèce chimique. 197

§ 6. Définition des forces qui interviennent dans les actions chimiques.   203
§ 7. Distinction de l'analyse minérale d'avec l'analyse organique immédiate et de quelques applications.   209
    ARTICLE 1. — Distinction des deux analyses. . . .   209
    ARTICLE 2. — Applications.   218
    Première application. Synthèse organique. . . .   219
    Deuxième application. Huiles volatiles.   219
    Troisième application. A l'hygiène.   220
§ 8. Les composés d'origine organique ne diffèrent pas essentiellement des composés inorganiques.   223
§ 9. Transformation de la matière inorganique en matière organique dans les êtres vivants.   229
    ARTICLE 1. — De l'assimilation de la matière aux plantes.   230
    ARTICLE 2. — De l'assimilation de la matière aux animaux supérieurs.   231
    Alimentation de l'homme eu égard à la cuisson. .   234
    ARTICLE 3. — Comparaison de l'assimilation de la matière aux plantes et aux animaux.   238
    A. Nutrition des plantes.   239
    B. Nutrition des animaux.   244
    C. Différence de l'assimilation de la matière dans les animaux et dans les plantes.   249
DEUXIÈME GROUPE. — Recherches chimiques-physiologiques.   257
§ 1. Méthode à posteriori expérimentale appliquée à reconnaître l'action des corps sur l'organe du goût.   257
§ 2. Méthode propre à reconnaître dans les eaux naturelles des corps qui sont la cause d'effets chimiques et organoleptiques que ces eaux produisent.   261

Troisième groupe. — *Recherches physiques-physio-
logiques sur la vision des couleurs.* 265

Méthode à posteriori expérimentale appliquée à
l'étude de la vision des couleurs. 265

Article 1. — Contraste simultané des couleurs et
de leurs tons. 266

Article 2. — Contraste successif et contraste mixte
des couleurs et principe de leur mélange. 271

Quatrième groupe. — *Recherches psychologiques sur
une classe particulière de mouvements musculaires.* 277

Méthode *à posteriori* expérimentale appliquée à
l'explication de certains mouvements musculaires
exécutés sans que la volonté la commande. . . . 277

Chapitre 2. — Distinction de deux ordres d'enseignement. 283

Section 1. — De l'enseignement absolu. 285

Chapitre 1. — Enseignement des mathématiques
pures. 285

Chapitre 2 — Enseignement religieux.. 289

Chapitre 3. — Enseignement des lois. 291

Chapitre 4. — Quelques enseignements concernant
le concret, auxquels on ne connaît pas d'exception. 293

Section 2. — De l'enseignement relatif. 295

Introduction. 295

Chapitre 1. — Critique de l'enseignement relatif à
la botanique et à la zoologie, conformément à
la conclusion formulée précédemment (55). . . . 299

Chapitre 2. — Critique de l'enseignement médical
conformément à la conclusion formulée précédemment (72). 309

Chapitre 3. — Critique de l'enseignement agricole

conformément aux conclusions formulées précé-
demment (55-72).   315
A. Enseignement dans une ferme modèle.   316
B. Enseignement dans une ferme expérimentale. .   316
C. Enseignement dans une ferme mixte.   317
D Enseignement donné par un instituteur.   317
Économie végétale.   320
Économie animale.   329
Conclusions finales.   333

PREMIER DOCUMENT.

Examen par M. Hermite de la proposition de Poinsot:
« Il n'y a dans une formule mathématique que ce
qu'on y a mis. »   339
Réflexions de M. Chevreul.   347

DEUXIÈME DOCUMENT.

Des dix parties du discours de la grammaire française
considérées conformément à la méthode *à posteriori*
expérimentale, par M. Chevreul.   357

TROISIÈME DOCUMENT.

Concernant le système métrique, par M. Chevreul. .   379
§ 1. — Avant-propos.   379
§ 2. — Présentation du livre de LA MÉTHODE à l'Académie.   382
§ 3. — Examen critique de l'histoire du mètre . . .   386

Paris. — Imprimerie de Cusset et Cᵉ, 26, rue Racine.